新疆卡拉麦里山有蹄类野生动物自然保护区
综合科学考察

主　编　孙　丽　许　昌
副主编　王瑞婷　吴　专　傅光华

中国林业出版社

图书在版编目（CIP）数据

新疆卡拉麦里山有蹄类野生动物自然保护区综合科学考察 / 孙丽，许昌主编．— 北京：中国林业出版社，2021.8

ISBN 978-7-5219-1341-5

Ⅰ．①新… Ⅱ．①孙… ②许… Ⅲ．①自然保护区—科学考察—考察报告—新疆 Ⅳ．① S759.992.45

中国版本图书馆 CIP 数据核字 (2021) 第 182350 号

中国林业出版社

策划编辑：杜　娟

责任编辑：陈　惠　马吉萍　王思源

出版发行：中国林业出版社（100009　北京市西城区刘海胡同 7 号）

网　　站：http://www.forestry.gov.cn/lycb.html

印　　刷：中林科印文化发展（北京）有限公司

电　　话：（010）83143542

版　　次：2021 年 8 月第 1 版

印　　次：2021 年 8 月第 1 次

开　　本：787mm×1092mm　1/16

印　　张：12.25

字　　数：300 千字

定　　价：80.00 元

新疆卡拉麦里山有蹄类野生动物自然保护区

综合科学考察

编 委 会

名誉主编：李　江　齐　联

主　　编：孙　丽　许　昌

副 主 编：王瑞婷　吴　专　傅光华

编　　委：王天斌　马新平　初红军　邵长亮　马　伟　梁新凯

王　楠　高梓洋　赵卫国　许　吉　于小鸥　郝利霞

前 言

新疆卡拉麦里山有蹄类野生动物自然保护区（以下简称“卡山自然保护区”）位于准噶尔盆地东缘，总面积 14856.48 平方千米。卡山自然保护区以卡拉麦里山为核心，属低山荒漠、半荒漠区。卡山自然保护区东部属砾石戈壁，中部属卡拉麦里山，西部属沙漠。

卡山自然保护区为荒漠生态环境，自然植被划分为荒漠、草原 2 级，灌木荒漠、小半乔木荒漠、半灌木荒漠、小半灌木荒漠、多汁木本盐柴类荒漠、荒漠草原 6 个植被型，梭梭群系、白梭梭群系、沙拐枣群系、琵琶柴群系、驼绒藜群系、盐穗木群系、沙生针茅群系等 32 个群系，植被组成较为简单，分布较稀疏，共有种子植物 46 科、196 属、393 种。植物种类以藜科、菊科、豆科、蓼科、莎草科、禾本科、柽柳科、麻黄科等为主。

卡山自然保护区在动物地理区划上属古北界—中亚亚界—蒙新区—准噶尔盆地亚区—准噶尔盆地省。在野生动物类群中，以适应干旱的种类占优势。根据 2021 年最新发布的《国家重点野生动物保护名录》，卡山自然保护区共有野生脊椎动物 24 目、55 科、186 种，其中国家一级重点保护野生动物 13 种，国家二级重点保护野生动物 36 种。

卡山自然保护区是以保护蒙古野驴、普氏野马、鹅喉羚等多种珍稀有蹄类野生动物及其生存环境为主的野生动物类型的自然保护区，是我国低海拔荒漠区域内位数不多的大型有蹄类野生动物自然保护区，是野生动植物物种的“天然基因库”，是从事生态研究和生态监测的理想基地，也是展示我国尤其是边疆地区多年生态文明建设成果的重要平台，其生态区位和物种多样性无法替代，具有重要的干旱区基因保护价值、生态价值、科研价值，对推进新疆生态文明建设具有重要意义。

近年来有更多的学者关注卡山自然保护区的情况。2005 年，刘玉燕、刘浩峰、刘敏发表《新疆卡拉麦里山有蹄类自然保护区生物多样性保护研究》。2009 年，初红军、蒋志刚、葛炎、蒋峰、陶永善、王臣等，发表《卡拉麦里山有蹄类自然保护区蒙古野驴和鹅喉羚种群密度和数量》。2012 年，刘妹发表《卡拉麦里山有蹄类自然保护区放归普氏野马生境选择及社区保护意识调查研究》。2014 年，吴洪潘、初红军、王渊、马建伟、葛炎、布兰发表《卡拉麦里山有蹄类自然保护区水源地蒙古野驴的活动节律：基于红外相机监测数据》。2016 年，凌威发表《卡拉麦里山有蹄类自然保护区普氏野马生境的动态分析与预测》。韩丽丽发表《卡拉麦里山有蹄类自然保护区狼的生境选择及其季相变化》。2020年，张晓晨、邵长亮、葛炎、陈晨、徐文轩、杨维康等发表《新疆卡拉麦里山有蹄类野生动物自然保护区夏季蒙古野驴适宜生境与种群数量评估》。

我们开展了大量的外业调查和内业整理工作，在此要特别感谢张明海、张永军、胡红英、侯翼国、李娜、史静耸、李勤等老师和同学给予的指导和帮助，感谢新疆维吾尔自治区林业和草原局、新疆维吾尔自治区卡拉麦里山有蹄类野生动物自然保护区管理中心等部门和单位的协助。

本书旨在为卡山自然保护区的保护和发展提供科学依据，亦可为其他地区同类研究提供参考资料。由于编者水平有限，书中错误之处在所难免，敬请读者指正。本书提到的保护野生植物均以2021年8月之前的《国家重点保护野生植物名录》版本为准。

编者

2021年7月

目 录

第1章 总 论

第 2 章　自然地理环境

第 3 章　植物多样性

第 4 章　动物多样性

第 5 章　有蹄类野生动物资源

第 6 章　旅游资源

第 7 章 社会经济状况

第 8 章 自然保护区管理

第 9 章 自然保护区评价

第1章 总 论

1.1 地理位置

新疆卡拉麦里山有蹄类野生动物自然保护区（以下简称“卡山自然保护区”）位于准噶尔盆地东缘，地理坐标为东经 88° 30′～ 90° 03′，北纬 44° 40′～ 46° 00′，本次调整前的卡山自然保护区总面积 13004.65 平方千米，东西宽 117.5 千米，南北长 147.5 千米。行政区域涉及昌吉回族自治州的阜康市、吉木萨尔县、奇台县和阿勒泰地区的富蕴县、青河县和福海县。保护区距阿勒泰市 310 千米，距乌鲁木齐市 194 千米。

1.2 自然地理环境概况

卡山自然保护区以卡拉麦里山为核心，属低山荒漠、半荒漠区。保护区东部属砾石戈壁，中部属卡拉麦里山，西部属沙漠，北面为低山荒漠丘陵，坡度较缓，相对高差仅几十米；山岭以南为将军戈壁，个别地段形成沙丘；保护区西部沙漠是古尔班通古特沙漠的一部分。

卡山自然保护区地处北半球中纬度地区，欧亚大陆腹地，受北温带气候和北冰洋冷空气的影响，在气候上属中温带大陆性干旱气候。由于深处内陆与同纬度的其他地区相比，大陆性非常显著，表现在温度方面的极端。其特点是冬季寒冷漫长，夏季酷热短暂，春季干旱少雨，秋季温凉。年平均温度在 2.5 ～ 8 摄氏度之间，无霜期 117 天。保护区全年降水量 159.1 毫米，而蒸发量为 2090.4 毫米，降水量与蒸发量之比为 1∶13，每月最小湿度均低于 20%。

卡山自然保护区内无稳定的地表径流，在部分地下水位较高的地段有含盐的地下水溢出，形成岩泉；春季积雪融化和夏季阵雨过后，在低洼地形可形成临时性的水源。

卡山自然保护区为低山温带干旱、半干旱荒漠棕钙土区，土壤以棕钙土和灰棕漠土为主，另外，有些地带还有风沙土、龟裂土、山地灰漠土和少量灰漠土等。

1.3 自然资源概况

1.3.1 植被及植物资源

在我国植被区划上，卡山自然保护区属于温带荒漠区。卡山自然保护区内植被稀疏，主要由超旱生、旱生灌木、小半灌木以及旱生一年生和多年生草本植物组成，共有维管植物 46 科 196 属 393 种，其中裸子植物 1 科 1 属 5 种，被子植物中单子叶植物 8 科 31 属 53 种，双子叶植物 37 科 164 属 335 种（表 1.1）。

表 1.1　卡山自然保护区维管植物数量

类别	拉丁名	科数	属数	种数
裸子植物门	Gymnospermae	1	1	5
被子植物门	Angiospermae	45	195	388
合计	/	46	196	393

卡山自然保护区内的植物种类以藜科、菊科、豆科、蓼科、莎草科、禾本科、柽柳科、麻黄科等为主，能够形成大片群落的优势种有梭梭（*Haloxylon ammodendron*）、驼绒藜（*Krascheninnikovia ceratoides*）、盐生假木贼（*Anabasis salsa*）、白茎绢蒿（*Seriphidium terrae-albae*）、沙生针茅（*Stipa caucasica* subsp. *glareosa*）、琵琶柴（*Reaumuria soongarica*）等。

卡山自然保护区植物区系组成以温带属性为主。分布区类型以地中海区、西亚至中亚分布占绝对优势；北温带分布和旧世界温带分布、中亚分布占有一定的比例。保护区内的植被类型以荒漠为主，也含有少量荒漠草原，主要可划分为 2 级，6 个植被型，32 个群系，主要包括：荒漠的梭梭群系（Form. *Haloxylon ammodendron*）、白梭梭群系（Form. *Haloxylon persicum*）、沙拐枣群系（Form. *Calligonum mongolicum*）、琵琶柴群系（Form. *Reaumuria Soongorica*）、驼绒藜群系（Form. *Krascheninnikovia ceratoides*）、盐穗木群系（Form. *Halostachys caspica*），以及荒漠草原的沙生针茅群系（Form. *Stipa caucasica* subsp. *glareosa*）等。其中梭梭群系、沙拐枣群系和琵琶柴群系主要分布于沙丘地带。

作为典型的干旱地区，准噶尔盆地东部是环境变化的敏感地带和生态脆弱区，在人类经济活动的干扰下，极易引发生态退化，退化一旦形成，在严酷的自然条件影响下很难恢复，因此对于卡山自然保护区内的植物资源，需要进行严格的保护，同时开展科研监测等活动，以对卡山自然保护区为代表的准噶尔盆地东部地区荒漠植物群落特征进行全面的研究与深入的调查分析，为该地区植物资源的保护提供必要的技术支撑。

1.3.2 动物资源

卡山自然保护区在动物地理区划上属古北界—中亚亚界—蒙新区—准噶尔盆地亚区—准噶尔盆地省，动物种群结构较为复杂，种类繁多。在野生动物类群中，以适应干旱的种类占优势。卡山自然保护区内野生脊椎动物共有 4 纲 24 目 55 科 186 种，占阿勒泰地区野生脊椎动物物种总数（354 种）的 52.54%，占新疆野生脊椎动物物种总数（770 种）的 24.16%。根据 2021 年最新发布的《国家重点野生动物保护名录》，卡山自然保护区有国家一级重点保护野生动物 13 种，国家二级重点保护野生动物 36 种。

1. 哺乳动物

卡山自然保护区共记录哺乳动物 38 种，隶属 7 目 14 科，占新疆哺乳动物（154 种）的 24.67%，占我国哺乳动物（414 种）的 9.17%。卡山自然保护区的哺乳动物区系组成，在记录的 38 种哺乳动物中，有广布种（5 种）、北广种（1 种）、北方型（13 种）、中亚型（18 种）、高地型（1 种）。

卡山自然保护区记录哺乳动物中，国家一级保护野生动物 2 种，国家二级保护野生动物 7 种，分别占新疆维吾尔自治区内国家一级保护哺乳动物（14 种）、国家二级保护哺乳动物（20 种）的 14.28% 和 35.0%。在卡山自然保护区的哺乳动物中，以有蹄类动物中的蒙古野驴（*Equus hemionus*）、鹅喉羚（*Gazella subgutturosa*）、普氏野马（*Equus ferus*）、盘羊（*Ovis ammon*）等最具代表性（图 1.1、图 1.2）。

图 1.1　卡山自然保护区内的盘羊

图 1.2　卡山自然保护区内的蒙古野驴

注：此处及后文采用的照片资料，除特别标注出处外，均为实地科考过程中拍摄

2. 鸟　类

卡山自然保护区位于准噶尔盆地腹地，保护区的自然景观、动植物组成不同于其他地区，没有明显的垂直变化，鸟类栖息环境以荒漠草原为主，有少量的隐域湿地生态景观，面积相对很小，又受季节变化影响较大。

保护区属干旱荒漠地区，水资源匮乏，与其他生境类型相比，鸟类种数较少，共有鸟类 15 目 34 科 124 种（详见附录），占新疆维吾尔自治区鸟类（21 目 65 科 453 种）种数的 27.37%，占全国鸟类总数 1435 种 8.64%。卡山自然保护区记录鸟类中，国家一级重点保护鸟类 11 种，国家二级重点保护鸟类 25 种。

3. 爬行类

卡山自然保护区共有爬行动物 23 种，分别隶属于有鳞目（Squamata），蜥蜴亚目（Lacerti1ia）的鬣蜥科（Agamidae）2 属 5 种、壁虎科（Gekkonidae）2 属 2 种、蜥蜴科（Lacertidae）1 属 6 种和蛇亚目（Serpentes）的蚺科（Boidae）1 属 2 种、游蛇科（Colubridae）3 属 5 种、蝰科（Viperidae）2 属 3 种。其中，包括国家重点保护野生动物有 4 种。

4. 两栖类

卡山自然保护区地处准噶尔盆地荒漠区，两栖动物相对稀少，区系简单。在保护区只有 1 目 1 科 1 种，为无尾目蟾蜍科的塔里木蟾蜍（*Bufotespewzowi*）。

1.4 社会经济概况

1.4.1 行政区划

卡山自然保护区成立于 1982 年，保护区地跨昌吉、阿勒泰两个地州，包括有阜康市、吉木萨尔县、奇台县、福海县、富蕴县和青河县六个县市的行政区域，保护区主要位于富蕴县境内。

1.4.2 社区经济

卡山自然保护区管理中心属事业单位，其人员工资及办公经费主要靠财政拨款，保护区周边主要的生产经营活动为石油天然气、煤炭开采，分别由新疆石油管理局、煤炭工业管理局和当地政府管理；保护区周边地区生产主要以农牧业为主，这里分别有国家牧业基地、粮食基地县、油料基地县。

1.4.3 交通与通信

公路：卡山自然保护区境内有国道 216 线，由南至北纵贯保护区。省道 228 线，经将军庙、红柳沟、野马泉到二台，是保护区的东部界限。准东公路从保护区南部的五彩湾向东到将军戈壁将国道 216 线和省道 228 连接，其间将五彩湾、大井、将军庙三个主要煤电化矿区连接。新疆石油管理局准东勘探开发公司修建一条火烧山—彩南油田公路，其中在卡山自然保护区境内约 40 千米。由火烧山向西，地方政府及有关部门修建有主干道 5 条，即奇台—青河（省道 228 线）、红柳沟—喀姆斯特、野马泉—彩南公路标 21 千米处、五彩湾—自流井（水源路）。

铁路：大黄山—将军庙铁路由南部的水源地进入保护区向东到将军戈壁，在五彩湾地区有准东北站，东边有将军庙站。卡山自然保护区内总长约 124 千米。

通信：卡山自然保护区阿勒泰管理站已开通无线及有线电话，昌吉管理站可接县里的电信网，五彩湾检查站可通无线电话，亦可接准东石油系统的有线电话线路。各管理站均未配备电台。

1.5 保护区范围及功能区划

卡山自然保护区西起滴水泉、沙丘河、东至老鸦泉、北塔山，南到自流井附近，北至乌伦古河南 30 千米处，调整前的卡山自然保护区总面积 13004.65 平方千米，东西宽 117.5 千米，南北长 147.5 千米。保护区外边界主要拐点坐标详见表 1.2。

保护区内边界即原喀木斯特工业园区边界。保护区内边界主要拐点坐标详见表 1.3。

表 1.2　保护区外边界主要拐点坐标表

拐点编号	经度	纬度	拐点编号	经度	纬度
242	90° 00′ 00″ E	46° 00′ 00″ N	248	88° 48′ 31″ E	44° 50′ 29″ N
243	88° 30′ 00″ E	46° 00′ 00″ N	249	88° 51′ 57″ E	44° 50′ 28″ N
244	88° 30′ 00″ E	44° 40′ 00″ N	250	88° 52′ 00″ E	44° 58′ 28″ N
245	88° 56′ 56″ E	44° 40′ 00″ N	251	90° 02′ 15″ E	44° 58′ 57″ N
246	88° 56′ 58″ E	44° 45′ 27″ N	252	90° 03′ 00″ E	45° 00′ 00″ N
247	88° 48′ 22″ E	44° 45′ 34″ N	253	90° 00′ 00″ E	45° 00′ 00″ N

表 1.3　保护区内边界（原喀木斯特工业园区边界）主要拐点坐标表

拐点编号	经度	纬度	拐点编号	经度	纬度
254	89° 32′ 20″ E	45° 45′ 46″ N	260	89° 28′ 45″ E	45° 24′ 29″ N
255	89° 26′ 00″ E	45° 49′ 50″ N	261	89° 28′ 50″ E	45° 31′ 30″ N
256	89° 09′ 37″ E	45° 54′ 10″ N	262	89° 42′ 46″ E	45° 31′ 34″ N
257	89° 09′ 31″ E	45° 28′ 34″ N	263	89° 43′ 01″ E	45° 34′ 25″ N
258	89° 13′ 47″ E	45° 28′ 25″ N	264	89° 32′ 16″ E	45° 34′ 35″ N
259	89° 13′ 38″ E	45° 24′ 38″ N			

卡山自然保护区总面积为 13004.65 平方千米，其中核心区 4033.17 平方千米，缓冲区 2571.97 平方千米，实验区 6399.51 平方千米。

1. 核心区

核心区面积为 4033.17 平方千米，占保护区面积的 31.0%，分为核心区Ⅰ区和核心区Ⅱ区两个区域，面积为 2303.24 平方千米和 1729.93 平方千米，分别位于 216 国道西侧和东侧。核心区的主要功能是保持自然资源的完整性、荒漠生态系统的典型性，保护珍稀、濒危动植物物种及其栖息环境。核心区Ⅰ区边界主要拐点坐标详见表 1.4。核心区Ⅱ区边界主要拐点坐标详见表 1.5。

表 1.4　核心区Ⅰ区边界主要拐点坐标表

拐点编号	经度	纬度	拐点编号	经度	纬度
1	89° 03′ 13″ E	45° 56′ 33″ N	17	89° 06′ 51″ E	45° 21′ 14″ N
2	88° 36′ 27″ E	45° 56′ 17″ N	18	89° 07′ 13″ E	45° 22′ 14″ N
3	88° 38′ 04″ E	45° 24′ 39″ N	19	89° 05′ 43″ E	45° 23′ 16″ N
4	88° 39′ 01″ E	45° 23′ 24″ N	20	89° 04′ 00″ E	45° 23′ 55″ N
5	88° 40′ 11″ E	45° 22′ 13″ N	21	89° 02′ 44″ E	45° 25′ 33″ N
6	88° 41′ 48″ E	45° 21′ 07″ N	22	89° 02′ 20″ E	45° 35′ 26″ N
7	88° 43′ 51″ E	45° 20′ 24″ N	23	89° 01′ 46″ E	45° 44′ 14″ N
8	88° 46′ 21″ E	45° 19′ 53″ N	24	89° 02′ 49″ E	45° 45′ 41″ N
9	88° 49′ 11″ E	45° 19′ 32″ N	25	89° 04′ 56″ E	45° 46′ 34″ N
10	88° 51′ 48″ E	45° 19′ 25″ N	26	89° 06′ 43″ E	45° 46′ 56″ N
11	88° 54′ 19″ E	45° 19′ 18″ N	27	89° 07′ 25″ E	45° 48′ 09″ N
12	88° 57′ 22″ E	45° 19′ 10″ N	28	89° 06′ 49″ E	45° 49′ 37″ N
13	88° 59′ 41″ E	45° 19′ 36″ N	29	89° 04′ 53″ E	45° 51′ 03″ N
14	89° 01′ 39″ E	45° 19′ 34″ N	30	89° 03′ 30″ E	45° 52′ 23″ N
15	89° 04′ 03″ E	45° 19′ 17″ N	31	89° 03′ 07″ E	45° 54′ 10″ N
16	89° 06′ 15″ E	45° 19′ 56″ N	32	89° 03′ 37″ E	45° 55′ 33″ N

表 1.5　核心区Ⅱ区边界主要拐点坐标表

拐点编号	经度	纬度	拐点编号	经度	纬度
33	89° 54′ 30″ E	45° 56′ 31″ N	61	89° 34′ 03″ E	45° 25′ 19″ N
34	89° 50′ 12″ E	45° 56′ 33″ N	62	89° 33′ 18″ E	45° 23′ 15″ N
35	89° 44′ 47″ E	45° 56′ 46″ N	63	89° 32′ 27″ E	45° 21′ 11″ N
36	89° 41′ 02″ E	45° 56′ 42″ N	64	89° 34′ 00″ E	45° 16′ 54″ N
37	89° 38′ 29″ E	45° 56′ 36″ N	65	89° 35′ 04″ E	45° 13′ 52″ N
38	89° 37′ 15″ E	45° 56′ 19″ N	66	89° 36′ 34″ E	45° 13′ 04″ N
39	89° 36′ 33″ E	45° 55′ 34″ N	67	89° 39′ 31″ E	45° 13′ 18″ N
40	89° 37′ 14″ E	45° 53′ 47″ N	68	89° 42′ 22″ E	45° 13′ 24″ N
41	89° 37′ 55″ E	45° 51′ 41″ N	69	89° 45′ 24″ E	45° 13′ 05″ N

续表

拐点编号	经度	纬度	拐点编号	经度	纬度
42	89° 38′ 17″ E	45° 49′ 58″ N	70	89° 48′ 33″ E	45° 12′ 56″ N
43	89° 38′ 30″ E	45° 47′ 35″ N	71	89° 51′ 50″ E	45° 13′ 00″ N
44	89° 38′ 12″ E	45° 46′ 12″ N	72	89° 53′ 48″ E	45° 12′ 57″ N
45	89° 38′ 26″ E	45° 43′ 53″ N	73	89° 55′ 14″ E	45° 13′ 23″ N
46	89° 37′ 53″ E	45° 41′ 39″ N	74	89° 55′ 44″ E	45° 14′ 36″ N
47	89° 37′ 01″ E	45° 39′ 35″ N	75	89° 55′ 02″ E	45° 17′ 52″ N
48	89° 39′ 10″ E	45° 38′ 28″ N	76	89° 54′ 13″ E	45° 21′ 07″ N
49	89° 42′ 07″ E	45° 38′ 10″ N	77	89° 55′ 08″ E	45° 24′ 02″ N
50	89° 44′ 43″ E	45° 37′ 24″ N	78	89° 55′ 05″ E	45° 27′ 16″ N
51	89° 47′ 38″ E	45° 36′ 24″ N	79	89° 55′ 06″ E	45° 29′ 54″ N
52	89° 47′ 56″ E	45° 33′ 23″ N	80	89° 55′ 16″ E	45° 33′ 08″ N
53	89° 47′ 48″ E	45° 30′ 56″ N	81	89° 55′ 04″ E	45° 35′ 32″ N
54	89° 46′ 58″ E	45° 29′ 33″ N	82	89° 55′ 39″ E	45° 38′ 13″ N
55	89° 45′ 11″ E	45° 28′ 50″ N	83	89° 55′ 48″ E	45° 41′ 04″ N
56	89° 42′ 32″ E	45° 28′ 21″ N	84	89° 55′ 46″ E	45° 44′ 46″ N
57	89° 40′ 05″ E	45° 27′ 48″ N	85	89° 55′ 31″ E	45° 48′ 28″ N
58	89° 37′ 40″ E	45° 27′ 32″ N	86	89° 55′ 33″ E	45° 51′ 15″ N
59	89° 35′ 21″ E	45° 27′ 22″ N	87	89° 55′ 00″ E	45° 53′ 25″ N
60	89° 34′ 00″ E	45° 26′ 33″ N			

2. 缓冲区

缓冲区面积为 2571.97 平方千米，占保护区面积的 19.8%，分为缓冲区Ⅰ区和缓冲区Ⅱ区两个区域，面积为 1668.94 平方千米和 903.03 平方千米，分别位于 216 国道西侧和东侧，是在核心区外围结合明显地形、地物及资源特点划出一定宽度的区域。

缓冲区内边界即核心区边界，主要拐点坐标详见表 1-3、表 1-4。缓冲区Ⅰ区外边界主要拐点坐标详见表 1.6。缓冲区Ⅱ区外边界主要拐点坐标详见表 1.7。

表 1.6　缓冲区Ⅰ区外边界主要拐点坐标表

拐点编号	经度	纬度	拐点编号	经度	纬度
88	89° 22′ 40″ E	45° 59′ 11″ N	129	89° 11′ 23″ E	45° 08′ 16″ N
89	89° 11′ 09″ E	45° 58′ 57″ N	130	89° 13′ 18″ E	45° 07′ 09″ N

续表

拐点编号	经度	纬度	拐点编号	经度	纬度
90	89° 00′ 46″ E	45° 59′ 04″ N	131	89° 14′ 01″ E	45° 08′ 46″ N
91	88° 54′ 40″ E	45° 58′ 52″ N	132	89° 15′ 46″ E	45° 09′ 07″ N
92	88° 45′ 23″ E	45° 58′ 56″ N	133	89° 15′ 48″ E	45° 09′ 58″ N
93	88° 38′ 04″ E	45° 58′ 49″ N	134	89° 16′ 42″ E	45° 10′ 24″ N
94	88° 33′ 12″ E	45° 58′ 34″ N	135	89° 17′ 11″ E	45° 11′ 33″ N
95	88° 32′ 04″ E	45° 57′ 30″ N	136	89° 18′ 25″ E	45° 12′ 18″ N
96	88° 31′ 54″ E	45° 55′ 26″ N	137	89° 19′ 26″ E	45° 13′ 08″ N
97	88° 32′ 15″ E	45° 52′ 06″ N	138	89° 20′ 27″ E	45° 13′ 57″ N
98	88° 32′ 41″ E	45° 48′ 01″ N	139	89° 21′ 02″ E	45° 15′ 11″ N
99	88° 33′ 00″ E	45° 43′ 46″ N	140	89° 19′ 47″ E	45° 16′ 31″ N
100	88° 33′ 41″ E	45° 36′ 26″ N	141	89° 19′ 11″ E	45° 17′ 46″ N
101	88° 34′ 24″ E	45° 30′ 24″ N	142	89° 18′ 29″ E	45° 19′ 33″ N
102	88° 35′ 10″ E	45° 22′ 59″ N	143	89° 19′ 01″ E	45° 21′ 56″ N
103	88° 35′ 13″ E	45° 20′ 45″ N	144	89° 16′ 56″ E	45° 21′ 49″ N
104	88° 36′ 35″ E	45° 18′ 48″ N	145	89° 14′ 32″ E	45° 22′ 06″ N
105	88° 38′ 38″ E	45° 17′ 46″ N	146	89° 12′ 30″ E	45° 22′ 59″ N
106	88° 40′ 54″ E	45° 16′ 39″ N	147	89° 10′ 47″ E	45° 24′ 10″ N
107	88° 42′ 36″ E	45° 15′ 19″ N	148	89° 09′ 05″ E	45° 25′ 26″ N
108	88° 43′ 20″ E	45° 14′ 00″ N	149	89° 07′ 50″ E	45° 26′ 56″ N
109	88° 45′ 03″ E	45° 13′ 17″ N	150	89° 06′ 41″ E	45° 28′ 30″ N
110	88° 46′ 40″ E	45° 12′ 20″ N	151	89° 06′ 42″ E	45° 31′ 58″ N
111	88° 48′ 45″ E	45° 12′ 50″ N	152	89° 06′ 37″ E	45° 35′ 35″ N
112	88° 50′ 19″ E	45° 13′ 53″ N	153	89° 06′ 39″ E	45° 39′ 31″ N
113	88° 52′ 19″ E	45° 15′ 01″ N	154	89° 06′ 48″ E	45° 43′ 27″ N
114	88° 55′ 04″ E	45° 15′ 30″ N	155	89° 07′ 40″ E	45° 45′ 45″ N
115	88° 58′ 00″ E	45° 15′ 27″ N	156	89° 08′ 05″ E	45° 47′ 59″ N
116	88° 59′ 45″ E	45° 15′ 30″ N	157	89° 08′ 16″ E	45° 50′ 13″ N
117	89° 02′ 31″ E	45° 16′ 09″ N	158	89° 07′ 34″ E	45° 52′ 09″ N

续表

拐点编号	经度	纬度	拐点编号	经度	纬度
118	89° 04′ 50″ E	45° 16′ 57″ N	159	89° 06′ 32″ E	45° 53′ 43″ N
119	89° 07′ 22″ E	45° 17′ 36″ N	160	89° 07′ 14″ E	45° 54′ 56″ N
120	89° 09′ 07″ E	45° 17′ 44″ N	161	89° 08′ 36″ E	45° 55′ 46″ N
121	89° 10′ 45″ E	45° 17′ 23″ N	162	89° 10′ 35″ E	45° 55′ 39″ N
122	89° 12′ 02″ E	45° 16′ 49″ N	163	89° 12′ 21″ E	45° 55′ 37″ N
123	89° 12′ 38″ E	45° 15′ 11″ N	164	89° 15′ 12″ E	45° 55′ 06″ N
124	89° 12′ 42″ E	45° 14′ 07″ N	165	89° 18′ 09″ E	45° 54′ 16″ N
125	89° 11′ 48″ E	45° 13′ 17″ N	166	89° 20′ 27″ E	45° 53′ 41″ N
126	89° 10′ 53″ E	45° 12′ 13″ N	167	89° 23′ 10″ E	45° 52′ 42″ N
127	89° 09′ 57″ E	45° 10′ 46″ N	168	89° 22′ 39″ E	45° 56′ 20″ N
128	89° 09′ 48″ E	45° 09′ 28″ N			

表 1.7　缓冲区Ⅱ区外边界主要拐点坐标表

拐点编号	经度	纬度	拐点编号	经度	纬度
169	89° 57′ 32″ E	45° 59′ 22″ N	206	89° 30′ 41″ E	45° 23′ 27″ N
170	89° 51′ 46″ E	45° 59′ 17″ N	207	89° 30′ 23″ E	45° 21′ 41″ N
171	89° 44′ 02″ E	45° 59′ 15″ N	208	89° 29′ 58″ E	45° 19′ 42″ N
172	89° 39′ 16″ E	45° 59′ 08″ N	209	89° 30′ 13″ E	45° 17′ 55″ N
173	89° 34′ 17″ E	45° 59′ 10″ N	210	89° 31′ 20″ E	45° 15′ 58″ N
174	89° 33′ 48″ E	45° 58′ 20″ N	211	89° 32′ 01″ E	45° 13′ 56″ N
175	89° 34′ 05″ E	45° 57′ 19″ N	212	89° 33′ 15″ E	45° 12′ 13″ N
176	89° 34′ 13″ E	45° 55′ 23″ N	213	89° 35′ 44″ E	45° 11′ 42″ N
177	89° 34′ 16″ E	45° 53′ 55″ N	214	89° 38′ 53″ E	45° 11′ 24″ N
178	89° 34′ 31″ E	45° 52′ 22″ N	215	89° 41′ 37″ E	45° 11′ 29″ N
179	89° 35′ 01″ E	45° 50′ 58″ N	216	89° 44′ 32″ E	45° 11′ 06″ N
180	89° 36′ 03″ E	45° 49′ 34″ N	217	89° 47′ 29″ E	45° 11′ 02″ N
181	89° 35′ 52″ E	45° 48′ 06″ N	218	89° 50′ 52″ E	45° 11′ 11″ N
182	89° 36′ 00″ E	45° 46′ 10″ N	219	89° 54′ 42″ E	45° 11′ 19″ N

续表

拐点编号	经度	纬度	拐点编号	经度	纬度
183	89° 36′ 09″ E	45° 44′ 28″ N	220	89° 57′ 27″ E	45° 11′ 42″ N
184	89° 35′ 44″ E	45° 42′ 42″ N	221	89° 58′ 05″ E	45° 13′ 23″ N
185	89° 34′ 54″ E	45° 41′ 29″ N	222	89° 57′ 56″ E	45° 14′ 51″ N
186	89° 34′ 11″ E	45° 40′ 12″ N	223	89° 57′ 56″ E	45° 16′ 56″ N
187	89° 34′ 39″ E	45° 38′ 29″ N	224	89° 57′ 43″ E	45° 18′ 57″ N
188	89° 35′ 08″ E	45° 36′ 47″ N	225	89° 57′ 42″ E	45° 20′ 53″ N
189	89° 36′ 46″ E	45° 36′ 31″ N	226	89° 57′ 54″ E	45° 22′ 34″ N
190	89° 38′ 58″ E	45° 36′ 41″ N	227	89° 58′ 06″ E	45° 24′ 25″ N
191	89° 41′ 04″ E	45° 36′ 43″ N	228	89° 58′ 12″ E	45° 26′ 11″ N
192	89° 42′ 55″ E	45° 36′ 22″ N	229	89° 58′ 01″ E	45° 28′ 54″ N
193	89° 44′ 39″ E	45° 36′ 01″ N	230	89° 58′ 03″ E	45° 31′ 45″ N
194	89° 45′ 35″ E	45° 34′ 59″ N	231	89° 58′ 17″ E	45° 34′ 03″ N
195	89° 45′ 51″ E	45° 33′ 36″ N	232	89° 57′ 58″ E	45° 36′ 23″ N
196	89° 45′ 34″ E	45° 32′ 17″ N	233	89° 57′ 52″ E	45° 38′ 32″ N
197	89° 45′ 37″ E	45° 31′ 08″ N	234	89° 57′ 39″ E	45° 40′ 42″ N
198	89° 44′ 49″ E	45° 30′ 23″ N	235	89° 58′ 04″ E	45° 42′ 28″ N
199	89° 42′ 36″ E	45° 29′ 49″ N	236	89° 58′ 05″ E	45° 44′ 42″ N
200	89° 40′ 30″ E	45° 29′ 29″ N	237	89° 57′ 59″ E	45° 46′ 57″ N
201	89° 37′ 45″ E	45° 29′ 19″ N	238	89° 58′ 06″ E	45° 49′ 20″ N
202	89° 34′ 59″ E	45° 28′ 50″ N	239	89° 58′ 25″ E	45° 50′ 57″ N
203	89° 32′ 27″ E	45° 28′ 26″ N	240	89° 57′ 51″ E	45° 53′ 02″ N
204	89° 32′ 03″ E	45° 26′ 49″ N	241	89° 57′ 34″ E	45° 55′ 54″ N
205	89° 31′ 26″ E	45° 25′ 17″ N			

3. 实验区

实验区面积为 6399.51 平方千米，占保护区面积的 49.2%，位于缓冲区的外围，实验区外边界（即保护区外边界）主要拐点坐标详见表 1.2，实验区内边界（即保护区内边界、缓冲区外边界）主要拐点坐标详见表 1.3、表 1.6、表 1.7。

1.6 综合评价

卡山自然保护区地处准噶尔盆地东部的荒漠地区内，保护区内以荒漠植被为主，该地区的植被群落充分反映了典型的准噶尔盆地荒漠景观资源。在卡山自然保护区内物种资源丰富，有多种珍稀动植物，是我国有蹄类哺乳动物野外种群最为繁盛的地区之一。

1. 有蹄类动物重要栖息场所与开展科研监测的基地

卡山自然保护区具有典型的温带荒漠生态系统，在卡山自然保护区这个广大的生存空间内，栖息着丰富多样的物种，包括了蒙古野驴、鹅喉羚、盘羊、普氏野马等珍稀濒危物种，同时也是其他众多生物群落赖以生存的环境，这里是名副其实的"观兽天堂"。卡山自然保护区内生存有我国最大野外种群的蒙古野驴，以及鹅喉羚、盘羊、普氏野马（放归实践中）等有蹄类野生动物，这些珍稀且典型的有蹄类野生动物具有重要的保护价值，同时，对这些物种的科研监测活动，以及对保护区内荒漠生态系统的研究与分析，都具有巨大价值。

卡山自然保护区近年来一直在开展普氏野马的野化放归和蒙古野驴、鹅喉羚、盘羊等有蹄类动物的监测活动，并取得了珍贵的数据和研究成果。目前科研监测数据成果显示，卡山自然保护区是有蹄类动物生存的适宜栖息地，是开展有蹄类动物研究的重要基地，也是开展有蹄类动物野生种群监测、栖息地评价及有蹄类动物野生种群恢复的良好场所。保护区的建立对保护研究普氏野马这一世界濒危物种具有重要意义，普氏野马的野化放归项目的实施也有利于提升在国际社会的国家形象。作为我国蒙古野驴最大野外种群和普氏野马最大的放归种群之一，卡山自然保护区内的有蹄类物种格外丰富，为开展相关学科的科学研究提供了得天独厚的基地和天然实验室，尤其在研究有蹄类动物野生种群的变化规律、古气候变化、植物变迁和区系演变的研究和生态监测等方面，具有较高的研究价值。

2. 荒漠生态系统和生物多样性方面的保护意义重大

卡山自然保护区由于其特殊的自然地理条件，使之成为新疆荒漠生态环境的典型区域。在受特殊的环境因素和长期自然界作用力的影响下，使保护区形成了特殊的地貌景观，并生长和栖息着多种荒漠植物与野生动物，这些物种构成了食物链中的各个重要环节，已经形成了一个稳定的荒漠生态系统（图 1.3、图 1.4）。

图 1.3　饮水的蒙古野驴

图 1.4　疑似被狼捕食的蒙古野驴残骸

卡山自然保护区的动物种类多样，种群丰富，数量达 186 种，国家一级重点保护野生动物就有 13 种，国家二级重点保护野生动物 36 种。有许多是本区的特有种。普氏野马、蒙古野驴等大型有蹄类动物的代表性为物种在生态基因和生理特征比家畜有许多不寻常的优越性，在改良家畜品种方面和研究家畜起源、进化、品种形成和改良上有重要的意义。丰富的荒漠动物资源，贮存了遗传多样性，因此，保护区又是一个巨大的动物资源物种的天然“基因库”，为人类进行各种科研活动提供了宝贵材料。

3. 科普展示空间巨大，可以有效发挥宣教作用

自然保护区是开展文化教育的天然课堂和实验场所，可接纳高等院校、中小学生实习和参观，尤其是生物学、地理学等专业的学生。青少年通过实践，亲身体验，可以丰富生物、生态、地理、资源保护和利用等方面的知识。卡山自然保护区是宣传国家自然保护方针、政策的自然讲坛（图 1.5、图 1.6），特别是在针对有蹄类野生动物的保护方面，其宣教对象是当地广大干部、群众和进入保护区参观的国内外公众。宣教内容主要包括国家有关自然保护的法律、条例、政策和有关积极保护的事例，示范和宣传资源保护与持续利用的积极意义。

图 1.5　卡山自然保护区保护宣传牌示

图 1.6　卡山自然保护区人为干扰活动（石矿开采）

卡山自然保护区地域广阔、物种众多，其作为科普宣教基地的空间十分巨大，壮观宏大的野驴群、跳跃奔跑的鹅喉羚、山间穿梭的盘羊、驯养实践的野马，既可以让人们观看到自然状态下的兽群，也可以让人在野马放归点等处认识野化放归的过程，在这里不但可以让人体验到自然的绮丽与恢宏，同时可以切身了解在有蹄类等动物的保护过程中，国家与保护区人员付出的艰辛与努力，展现了科学保护的发展理念，具有重要的宣传教育价值和作用。

4. 人为活动及破坏带来威胁，亟须加强保护措施

卡山自然保护区属于国家重点生态功能区，其内的自然资源具有重大保护价值。卡山自然保护区除了浩瀚的大漠、茫茫的戈壁、色彩斑斓的丘陵，成群结队在戈壁中自由奔跑的野驴、鹅喉羚以及在千古荒原中的荒漠植被和史前动植物化石外，还具有石油、煤炭、黄金、大理石等众多自然资源，可谓是一处重要的“资源仓库”与“宝地”。

但这里的生态非常脆弱，植物遭到破坏的地表，会很快呈现荒漠化趋势，继而导致生态系统的崩溃，自然环境的保护是保护区极为重要的一项内容。

卡山自然保护区自2005年起共进行了5次调整，保护区的面积也进行了缩减，随着公路、工矿企业等建设和人为活动的增加，目前保护区内的自然环境与生态系统呈现了退化的趋势，例如沙生针茅、盐生假木贼等植被群系的盖度和分布区域不断减小，使有蹄类动物赖以生存的食物来源出现降低，对于保护区内物种生存带来了威胁。同时部分人类活动对于野生动物的栖息繁衍也造成了不小的影响，例如矿山生产和车辆通行等，都会对野生动物的栖息和生命带来一定的危害。面积的调减，完全破坏了卡山自然保护区的完整性，也挤占了蒙古野驴的生存空间，而区内的部分水源因为矿产开发被破坏，致使蒙古野驴失去了赖以生存的水源。目前国家十分重视野生动物以及生态环境的保护，而且以生态效益为主的间接经济价值以及非使用价值远远高于直接经济价值。因此未来需要采取更为严格与科学的保护措施，进一步建设好卡山自然保护区，有效保护该地的自然资源，使卡山自然保护区能够发挥出更大的综合效益。

1.7 调查概况

通过生物多样性、自然地理环境、社会经济状况和威胁因素等专项调查，可以基本摸清卡山自然保护区的植被类型和动物区系、珍稀濒危动植物的分布和种群状况，对卡山自然保护区的动植物资源进行全面、客观的分析评价，进一步明确保护区对象，为保护区的功能区划、保护管理提供基础资料和技术支撑，为保护区的建设和发展服务。

1.7.1 调查原则

1. 科学性原则

自然保护区综合科学考察必须坚持严格的科学性，尽可能获取第一手的实测数据，调查、分析、评价应该实事求是。

2. 定量定位与定性定向相结合原则

数据收集以定量定位为主，对于无法定量定位获取的数据，可进行定性定向分析。

3. 重点与全面相结合原则

调查应以自然保护区最具代表性和典型性的区域为重点，同时兼顾各种生境类型和各功能分区。

4. 保护优先原则

考察过程中尽可能不损伤野生动植物，严禁对国家重点保护物种的损伤性采样。

1.7.2 调查范围

根据区域经济发展的需要，自治区人民政府分别于2005年、2007年、2008年、2009年、2011年先后对卡山自然保护区面积进行了五次调整，分别调减了2100.42平方千米、1203 平方千米、461 平方千米、821.38 平方千米、592.76 平方千米。本次科学考察调查范围包括卡山自然保护区范围以及历次调出保护区区域，共计约 18000 平方千米。

1.7.3 调查依据

参照《自然保护区综合科学考察规程（试行）》的相关要求，结合《自然保护区土地覆被类型划分》（LY/T 1725—2008）、《自然保护区生态质量评价技术规程》（LY/T 1813—2009）、《自然保护区管理评估规范》（HJ 913—2017）、《自然保护区生物多样性保护价值评估技术规程》（LY/T 2649—2016）等标准规范内有关规定，对新疆卡拉麦里山有蹄类野生动物自然保护区开展综合科学考察工作。

1.7.4 调查时间

调查时间主要为 2016 年，同时对 2015 年、2017 年相关的调查监测数据进行了收集整理。主要按照相关技术规定，针对植物、哺乳动物、鸟类、两爬动物等不同的调查对象，采用了样方法、样线法、样点法等，同时辅以无人机拍摄调查等先进技术手段，根据自然保护区综合科学考察报告编写提纲的要求编写了《新疆卡拉麦里山有蹄类野生动物自然保护区综合科学考察报告》。

1.7.5 调查方法

1. 植物调查方法

卡山自然保护区内的植物调查主要进行了文献资料的查阅和实地调查，其中实地调查主要采用了样方法进行调查。

2. 动物调查方法

卡山自然保护区动物调查包括了文献资料查阅、以往监测数据整理，同时主要依托实地进行科学考察开展，不同物种进行实地调查的方法如下：

（1）哺乳动物

卡山自然保护区内哺乳动物的调查，针对主要保护对象的各种有蹄类野生动物，采用样线法进行调查，具体调查方法和过程详见后文 5.2.1。针对小型哺乳动物采取了食物诱捕、直接捕捉等方法进行调查。同时通过无人机进行了航拍调查，具体方法和过程详见后文 5.3.1。

（2）鸟　类

卡山自然保护区鸟类的调查主要采用样线法进行。具体调查过程为：2016 年 6 月 5 月 17 日至 2016 年 5 月 30 日，在卡山自然保护区进行鸟类调查共 12 天，样线长度共计 750 千米，记录样线两侧 100 米范围内的鸟类种类、数量、生境类型。

（3）两爬动物

卡山自然保护区内的两爬动物主要结合哺乳动物样线调查过程，通过直接捕捉法进行调查，同时在保护区内重要水源点等设置了观测样点。

（4）昆　虫

卡山自然保护区内的昆虫，主要与哺乳动物、鸟类调查过程相结合，采取直接捕捉法进行调查。

1.7.6　调查结果

1. 地面调查情况

（1）蒙古野驴

在 2016 年春季野外调查中，共有 31 条截线发现野驴，观测记录共 68 次，其中包括 32 个种群，数量为 10 ～ 300 匹不等，共观察记录蒙古野驴 2360 匹次，其中发现 6 匹死亡的个体。通过函数模型进行模拟计算得到的卡山自然保护区内的蒙古野驴种群数量约为 2144 匹 ±562 匹。

（2）鹅喉羚

在 2016 年春季野外调查中，共有 40 条截线发现鹅喉羚，共有 85 次观测记录，其中包括 16 个种群，数量为 4 ～ 26 只不等，共发现鹅喉羚 302 只次。

（3）普氏野马

在 2016 年春季调查中，共有 10 条样线发现野马，总观察数量在 118 匹次左右。本次的调查，野放的普氏野马主要分布在乔木西拜野马野放点附近的水源地及沙生针茅分布的草场上（植被盖度一般在 16% ～ 40% 不等）。

（4）盘羊

在 2016 年春季野外调查过程中，共有 5 条样线发现盘羊，每个种群数量 2 ～ 11 只，共发现盘羊 35 只次。本次的调查，盘羊主要分布在 25 号矿和 27 号金矿的卡拉麦里山附近。

2. 航拍调查情况

经初步统计，利用航拍调查最后共拍摄到蒙古野驴 12871 匹次，因为每张航拍照片依照样线进行拍摄，因此在航拍照片中会出现个体重复的拍摄和计数现象，所以通过后期将拍摄照片重叠区块内的蒙古野驴进行筛选剔除，去除重复计数数量，得到本次航拍蒙古野驴最终的种群数量为 5029 匹次。

第2章 自然地理环境

干旱是卡山自然保护区生态环境的基本特征，由于其特殊的自然地理条件，使之成为新疆维吾尔自治区荒漠生态环境的典型区域。在受特殊的环境因素和长期自然界作用力的影响下，卡山自然保护区形成了特殊的地貌景观，并生长和栖息着多种荒漠植物与野生动物。

卡山自然保护区属准噶尔盆地东部唯一的一处干旱荒漠草场区，是新疆荒漠野生动物典型的生存环境，是新疆荒漠野生动物集中分布区之一。这种独特的荒漠生态环境，使这里的野生动物在漫长的进化过程中，不论在外部形态、内部器官结构，或在生理生化、生态习性和行为上都适应了荒漠戈壁地带独特的自然环境，其种群也达到了相对的稳定状态，成为荒漠动物区划的典型代表和重要组成部分。

2.1 地 质

卡山自然保护区所在的准噶尔盆地位于哈萨克斯坦、塔里木和西伯利亚三大古板块的交汇部位，整个板块由一系列线状的蛇绿岩带和岛弧带组成，构成西伯利亚和塔里木古陆块之间的重要构造带。据其基本组成和结构特征，既有一般板块的普遍性，又具有与之不同的特殊性，在板块构造中有一定的代表性。准噶尔地区板块构造划分及其基底性质（或板块性质）、构造演化卡拉麦里蛇绿岩带位于准噶尔盆地东北缘为新疆北部的重要蛇绿岩带。蛇绿岩分布区内出露的地层主要是泥盆系和石炭系，岩石组合以陆源碎屑岩、火山碎屑岩和熔岩为特征，其代表性的地层单元分别是中泥盆统平顶山组和下石炭统姜巴斯套组，并且姜巴斯套组逆冲到蛇绿岩套之上。

受古亚洲洋和周边造山带的演化影响，卡拉麦里造山带位于准噶尔盆地东北缘、呈北西西向延伸，北以阿尔泰山以南为界，南以卡拉麦里蛇绿混杂岩带与东准噶尔古生代沟弧盆体系相邻，东准噶尔卡拉麦里蛇绿混杂岩带位于准噶尔盆地东北缘。

蛇绿岩由不同的岩块组成的，主要包括强蛇纹石化变质橄榄岩、辉长岩、辉绿岩和基性熔岩等。蛇绿岩中的岩块局部呈透镜状产出，几处见辉长岩直接覆于变质橄榄岩之上。野外未见完整的蛇绿岩剖面，蛇绿岩带中也未发现堆晶的超镁铁岩。该带受卡拉麦里断裂的控制，岩石片理化较为发育，可见卡拉麦里蛇绿岩带不是完整的蛇绿岩套，而是蛇绿混杂岩带。蛇绿岩中变质橄榄岩主要为蛇纹石化纯橄岩，并有少量蛇纹石化二辉橄榄岩。蛇纹石化纯橄岩为纤维变晶结构、块状构造。橄榄石绝大部分已经蛇纹石化，仅在颗粒较大的中心有橄榄石残留。由橄榄石蚀变的纤维状蛇纹石，呈纤维状集合体网状、环状分布，蛇纹石化过程中析出大量粉尘状磁铁矿。蛇纹石化二辉橄榄岩也为纤维变晶结构、块状构造。岩石主要由橄榄石和残留辉石组成。橄榄石绝大部分已经蛇纹石化，蛇纹石呈纤维状集合体网状、环状分布。斜方辉石呈粒状分布，局部蛇纹石化。单斜辉石也呈粒状分布，且部分蚀变为绿泥石，但是仍保留辉石假象。

辉长岩为细粒辉长结构、块状构造。主要矿物为单斜辉石、斜长石和褐色普通角闪石，次要矿物为斜方辉石。辉石为半自形粒状，且辉石强烈透闪石化。褐色普通角闪石为他形填隙状，其结晶晚于斜长石和辉石，并有轻、中度的阳起石化和绿帘石化。岩石中斜长石主要呈半自形板柱状，局部有钠黝帘石化。磁铁矿分布于辉石和斜长石粒间。

基性熔岩为间粒间隐结构、块状构造。主要矿物为斜长石和单斜辉石。斜长石呈细长柱状分布，镜下可见到中空结构。辉石呈他形不均匀分布，绝大部分辉石绿帘石化和绿泥石化。磁铁矿局部充填于斜长石和辉石粒。

2.2 地　貌

在特殊的环境因素和长期自然界作用力的影响下，卡山自然保护区形成了特殊的地貌景观（图 2.1、图 2.2）。卡山自然保护区以卡拉麦里山为核心，海拔高度在 700 ～ 1464 米，相对高差 200 ～ 400 米，属低山荒漠、半荒漠景观。保护区自南向北呈垂直地带性分布，南部为古尔班通古特沙漠和卡拉麦里山山前戈壁，海拔 500 ～ 700 米，中部为卡拉麦里低山地，北部为荒漠丘陵带。

图 2.1　卡山自然保护区主要地貌示意

图 2.2　卡山自然保护区主要地貌示意（矿开采）

沙漠戈壁：保护区的西部、南部和西南部为沙漠戈壁带，海拔 500 ～ 700 米，其西部和南部为古尔班通古特沙漠的延伸，布满固定及半固定沙垄和沙丘。戈壁主要分布在卡拉麦里山南、北坡的前山带，最为著名的是保护区东南部的将军戈壁，均为黑色砾石戈壁。在卡拉麦里山干河谷与戈壁交汇处，由于季节性流水及雪融作用，在个别地段形成泥沼，因渗水性差，可蓄积部分雨水及融雪水，故称“黄泥滩”。

卡拉麦里山地：卡拉麦里山是一条东西走向的低山脉，是准噶尔盆地中天山和阿尔泰山的缝合线，山体以东西向条山和突起的山岭为主，河谷南北向较多，有两条大的干河谷贯穿山系。岩体以黑色岩为主，是中生代就形成的残蚀岩，极为松脆（图 2.3、图 2.4）。山势平坦，山间相对高差不超过 100 米，海拔高度为 700 ～ 1464 米，形成大片稀疏的荒漠草场。

北部荒漠：卡拉麦里山以北，依山势而下为残蚀丘陵，向北逐渐趋缓，相对高差为几十米，海拔 700 ～ 1100 米，形成大片稀疏的荒漠草场。

图 2.3　卡拉麦里山地形地貌（一）

图 2.4　卡拉麦里山地形地貌（二）

2.3　气　候

卡山自然保护区地处北半球中纬度地区，欧亚大陆腹地，受北温带气候和北冰洋冷空气的影响，在气候上属中温带大陆性干旱气候。由于深处内陆，与同纬度的其他地区相比，大陆性非常显著，表现在温度方面的极端。其特点是冬季寒冷漫长，夏季酷热短暂，春季干旱少雨，秋季温凉。年平均温度在 2.5 ～ 8 摄氏度，最热月平均气温为 20 ～ 30 摄氏度，极端最高温度可达 50 摄氏度；最冷月平均气温在 −20 摄氏度以下，极端最低温度可达 −39 摄氏度以下。≥ 10 摄氏度年积温为 2617.1 摄氏度，无霜期 117 天。保护区位于准东极端荒漠区，受西风环流影响在冬季和春季，伴随季风产生少量降水。4 月是降水量全年最多的月份，8 月份降水量最少，有时长达 20 天无雨。冬季 12 月到 1 月初，受西伯利亚冷空气影响，降雪最多，有时一次性降雪厚达 20 厘米。保护区全年降水量 159.1 毫米，而蒸发量为 2090.4 毫米，降水量与蒸发量之比为 1∶13，每月最小湿度均低于 20%。保护区受西风环流影响，4—5 月为大风气候，平均每隔 7 ～ 8 日，既有一次大风天气，最高时可达 12 级（即超达 40 米/秒）；主要风向为向北偏西风，风力强度大，大风日数每年 50 ～ 80 天，气候非常干燥。6—9 月，保护区为高温季节，降水量少，气候酷热。9—10 月，为短暂秋季，气温逐步下降；11 月上旬降至 0 摄氏度以下，次年 3 月底 4 月初气温逐步上升。

主要灾害天气：干旱、风害、寒潮、低温、干热风等，干旱以天然草场受灾严重，风害发生在春夏两季，对卡山自然保护区内野生动物、牲畜越冬以及牲畜转场影响较大。

2.4 水 文

卡山自然保护区位于准噶尔盆地东部地区，古尔班通克特沙漠东缘水资源是干旱荒漠地区的首要问题。卡山自然保护区属内陆干旱区，区内无地表水系分布，无常年地表径流，水资源相对贫乏。保护区常年水源短缺，地下水贫乏，成为野生动物生存的主要制约因素。

1. 地表水

卡山自然保护区地处沙漠戈壁腹地，准噶尔盆地中东部，这里气候炎热，降水少，蒸发量大，保护区内无常年性地表水源。保护区内共有 14 处山泉，主要为裂隙水溢出形成的山泉，多为苦水泉，一般泉水流量每年 2 ～ 120 立方米，矿化度为 3.8 ～ 12.7 克 / 升。除泉水外，有些河谷和地势较低的低洼处，仅在雨后有季节性积水洼地，在雨天能在沟槽中蓄积雨水和融雪水，俗称“黄泥滩”（图 2.5），卡拉麦里山西北部有几个大的黄泥滩，这些黄泥滩渗透性能差，能汇集雨水和融雪水，尤其夏季可以汇集较多雨水于滩沟中，成为野生动物重要的天然饮水点（图 2.6）。有的积水洼地几天或十几天就干枯，如喀腊干德洼地、克孜勒克日什洼地、乔术希拜洼地等洼地汇水面积分别为 92 平方千米、164 平方千米、100 平方千米，可作为野生动物临时性的饮水水源地。

图 2.5 “黄泥滩”

图 2.6 临时性野生动物饮水水源地

2. 地下水

卡山自然保护区的卡拉麦里山中部和北部的沟谷地，有 14 处裂隙水溢出形成山泉：卡姆斯特泉水、塔哈尔巴斯陶泉水、得仁格依登泉水、阿拉土别库都克泉水、老鸦泉泉水、帐篷沟泉、可克库都克泉水、富蕴县牧办泉水（滴水泉附近）、乔木希拜洼地等多为苦水泉。其中卡姆斯特泉水、塔哈尔巴斯陶泉水、阿拉土别库都克泉水，均为断层泉水，为构造带脉状裂隙水，泉水流量分别为每年 106.7 吨、30.24 吨以及 1.73 吨。除了乔木西拜洼地水质较好外，其他井、泉水水质均不好。按生活饮用水卫生标准要求，矿化度超标 1.5 ～ 4.3 倍，硫酸盐超标 7 ～ 9 倍，氯化物超标 2.6 ～ 6.9 倍，放射性总超标 25 ～ 49 倍，总超标 1.3 倍，放射性铀超标 1 倍。如果按国家地面水标准要求，硫酸盐、氯化物、氟化物、化学需氧量等都超过地面水五级标准。但有蹄类野生动物都饮用这些水源（目前国际和国内尚未有野生动物饮水标准）。同时，在卡拉麦里山南部的戈壁与沙漠交接线上，有 8 口 20 世纪 50 年代打出的自流井，至今仍在流淌，为保护区内的野生动物提供了重要水源，这些水源是保护区内野生动物生存所依赖的必要条件。由于保护区内地下水埋藏较深，广布沙漠，干热气流随风飘入此区上空，更加重了空气的干燥程度，使地下水补给来源也十分缺乏，造成保护区地下水资源极为贫乏。

近年通过引额济乌东延工程，将 500 水库的额尔齐斯河水引入准东煤电化基地。在中部的自流井附近建成准东水库，东部有将军庙水库，由新疆准东供水公司昌源水务负责投入使用。这些设施的投入也为野生动物提供了有利的生存条件。

2.5 土　壤

土壤是自然界长期演化的产物。土壤的种类和分布有着明显的地域性特征。卡山自然保护区为低山温带干旱、半干旱荒漠棕钙土区，土壤的形成与保护区内的气候条件，降雨量、蒸发强度、植物覆盖度有着直接的关系。根据保护区内不同的地形，不同高度气候条件，与之相适应的植被种类的不同，从而发育了多种不同的土壤种类。土壤以棕钙土和灰棕漠土为主。另外有些地带还有风沙土、龟裂土、山地灰漠土、少量灰漠土等。

1. 棕钙土

该土类主要是分布在保护区荒漠草原。该地带气候特点：夏季温和干旱，冬季寒冷降雪多，属温带干旱大陆性类型；年平均气温 2.5 ~ 6 摄氏度，年降水量 150 ~ 250 毫米，干燥度为 2.5 ~ 4.0。该土类的特点是有机质含量低，一般为 0.8% ~ 1.0%，腐殖质层薄。土壤底部通常有石膏出现，在砾石下呈纤维状结晶。机械组成粗，通体为砾质或沙砾所组成。在灌丛下，常积沙形成小沙包，形成棕钙土地表特有的景色。在非覆盖沙地段，地表常有微弱的裂缝及薄的假结皮形成。植被多为沙生针茅（*Stipa caucasica* subsp. *glareasa*）、盐生假木贼（*Anabasis salsa*）、纤细绢蒿（*Seriphidium gracilescens*）、准噶尔沙蒿（*Altemisia songarice*）等。

2. 灰棕漠土

该土类主要分布于奇台以北及将军戈壁等广大地区，为砾质戈壁区，地表为棕黑色的石幕，为一片砾质荒漠景观，植物稀少。灰棕土主要发育在粗骨性的母质上，地表有砾质覆盖，具有黑褐色的漠境漆皮，表层厚度 2 ~ 3 厘米的乳黄—淡灰色的结皮层，呈海绵状；其下为铁质化的红棕色紧实层，厚约 8 ~ 12 厘米，石膏聚集通常在紧实层以下开始，一般在剖面的下部还有易溶性盐分的淀积，该土类腐殖质累积极不明显，含量仅为 0.2% ~ 0.5%。在卡拉麦里山丘陵及丘间洼地，还分布着山地棕漠土。该土类是由黄土状母质所形成，由于受丘陵区地表径流的影响，土壤水分相对较好，生长植物多为蒿属（*Artemisia*）植物，杂生有铃铛刺（*Halimodendron halodendron*），芨芨草（*Achnatherum splendens*）等，土层一般为 0.8 ~ 1.2 米，岩土有机质含量一般为 1.0% ~ 1.6%，该土类分布零散，且面积较小。

3. 山地灰棕漠土

该土类主要分布于卡拉麦里山丘陵及陵面洼地，由黄土状母质所形成。由于受丘陵区地表径流的影响，土壤水分相对较好，生长植物多为蒿属植物，杂生铃铛刺、芨芨草等，土层一般为 0.8～1.2 米，岩土有机质含量一般为 1.0%～1.6%，该土类分布零散，且面积较小。

4. 灰漠土

该土类主要分布于卡拉麦里山以西至准噶尔盆地边缘的广阔地区，该区主要受西部沙漠气候的影响，植物以琵琶柴为主，伴有少量梭梭、柽柳，总盖度约 20%，地表平坦坚实，呈现灰棕色，有少量黑色地衣，全剖面干燥紧实，土层深厚，地下水埋深大于 5 米，土层质地一般为中轻壤，剖面无明显发育，唯表层 10 ～ 15 厘米颜色灰黄，淡灰黄，以下均为棕黄色，无结构，少根系，在 80 ～ 120 厘米处，有细小的盐分晶体，表土含盐量一般为 1% ～ 1.5%，有机质含量约为 0.6 ～ 1.0。

5. 风沙土

该土类分布在保护区大部分地段。其母质为风积物，地表植被稀疏，成土物质为风积细沙，无明显发生层次。风沙土形成沙丘沙地，多为半固定状态，生长植物为梭梭为主，伴生短穗柽柳、准噶尔沙蒿等沙生植物。受风力的营运作用，地表被黄沙覆盖，沙层厚度不一，一般都大于 30 厘米，沙垄高 1 ～ 2.5 米。

6. 龟裂土

龟裂土地表平坦、光滑，呈白色，有明显的龟裂纹，裂成不规则多角形个体，裂缝不深，其间常为沙砾所填满。其母质一般都较黏重，特别是土层上部透水性能很差。在龟裂土上几乎没有植物，只是偶尔可见到个别孤立的灌丛。

第3章 植物多样性

3.1 植物区系

3.1.1 区系组成成分统计

根据本次调查和资料整理统计，卡山自然保护区共有种子植物46科196属393种，详细统计见表3.1。

表3.1 卡山自然保护区种子植物区系组成统计表

类别	拉丁名	科	属	种
裸子植物门	Gymnospermae	1	1	5
被子植物门	Angiospermae	45	195	388
双子叶植物纲	Dicotyledoneae	37	164	335
单子叶植物纲	Monocotyledoneae	8	31	53

3.1.2 科级数量统计

卡山自然保护区种子植物各科的属和种的数量统计显示，藜科为本区第一大科，有23属67种；其次为菊科，29属58种；十字花科22属37种、禾本科20属27种、豆科9属29种、蓼科5属22种、紫草科10属20种和唇形科9属12种分列第三到第七位，均含有10种以上。详见表3.2。

在保护区中，分布种数少于10种的科有37科，占总科数的80.43%；分布少于5种的科为27科，占总科数的58.69%；分布5～10种的科为10科，占总科数的21.73%；分布种数大于等于10种的科为9科，占总科数的19.56%；分布种数大于等于30种的科为3科，占总科数的6.52%，但这3科包含的属数占保护区种子植物总属数的38.34%，种数占保护区种子植物的41.22%，说明这些科在本区中占有重要地位。

表 3.2　卡山自然保护区种子植物科级数量统计表

科名	属数	种数	科名	属数	种数
麻黄科 Ephedraceae	1	5	杨柳科 Salicaceae	1	1
蓼科 Polygonaceae	5	22	藜科 Chenopodiaceae	23	67
石竹科 Caryophyllaceae	6	9	裸果木科 Paronychlaceae	1	1
毛茛科 Ranunculaceae	4	5	小檗科 Berberidaceae	1	1
罂粟科 Papaveraceae	4	5	山柑科 Capparaceae	1	1
十字花科 Cruciferae	22	37	景天科 Crassulaceae	1	1
蔷薇科 Rosaceae	2	2	豆科 Leguminosae	9	29
牻牛儿苗科 Geraniaceae	2	2	白刺科 Nitrariaceae	1	3
骆驼蓬科 Peganaceae	1	1	蒺藜科 Zygophyllaceae	3	7
大戟科 Euphorbiaceae	1	2	锦葵科 Malvaceae	1	1
柽柳科 Tamaricaceae	2	8	瑞香科 Thymelaeaceae	1	1
胡颓子科 Elaeagnaceae	1	1	锁阳科 Cynomoriaceae	1	1
伞形科 Umbelliferae	2	6	报春花科 Primulaceae	2	2
白花丹科 Plumbaginaceae	2	5	夹竹桃科 Apocynaceae	2	2
旋花科 Convolvulaceae	2	7	紫草科 Boraginaceae	10	20
唇形科 Labiatae	9	12	茄科 Solanaceae	2	2
玄参科 Scrophulariaceae	2	2	列当科 Orobanchaceae	2	4
车前科 Plantaginaceae	1	3	茜草科 Rubiaceae	2	3
川续断科 Dipsacaceae	1	1	菊科 Compositae	29	58
香蒲科 Typhaceae	1	1	水麦冬科 Juncaginaceae	1	2
禾本科 Gramineae	20	27	莎草科 Cyperaceae	2	4
灯芯草科 Juncaceae	1	1	百合科 Liliaceae	6	12
石蒜科 Amaryllidaceae	1	1	鸢尾科 Iridaceae	1	5

3.1.3　属级数量统计及地理成分分析

1. 属级数量统计

在卡山自然保护区种子植物的 196 属中，含 10 种以上的属有 3 个，占总属数的 1.53%；含 5 ～ 9 种的属有 15 个，占总属数的 7.65%；含 4 种的属有 6 个，占总属数的 3.06%；含 3 种的属有 17 个，占总属数的 8.67%；含 2 种的属有 30 个，占总属数的 15.31%；含 1 种的属是 125 个，占总属数的 63.77%。

2. 属的地理成分分析

根据吴征镒先生对中国种子植物划分的分布区类型，对保护区种子植物的 196 属进行区系分析，结果见表 3.3。

表 3.3　卡山自然保护区种子植物属的分布区类型表

序号	分布区类型	保护区属数	中国属数	占中国属比例 / %	保护区种数	保护区属数比例 / %	保护区种数比例 / %
1	世界分布	26	99	26.26	88	13.27	22.39
2	泛热带分布	10	295	3.39	19	5.10	9.69
4	旧世界热带分布	1	167	0.60	1	0.51	0.25
7	热带亚洲分布	1	399	0.25	1	0.51	0.25
8	北温带分布	23	147	15.65	52	11.73	13.23
8-4	北温带和南温带间断	13	114	11.40	29	6.63	7.38
8-5	欧亚和南美洲温带间断	2	22	9.09	2	1.02	0.51
9	东亚—北美间断分布	1	129	0.78	1	0.51	0.25
10	旧世界温带分布	16	130	12.31	26	8.16	6.62
10-1	地中海区、西亚和东亚间断	3	28	10.71	13	1.53	3.31
10-3	欧亚和南非洲间断	4	27	14.81	13	2.04	3.31
11	温带亚洲分布	9	62	14.52	11	4.59	2.80
12	地中海区、西亚至中亚分布	65	110	59.09	103	33.16	26.21
12-1	地中海区至中亚和南非洲、大洋洲间断	3	12	25.00	7	1.53	1.78
12-2	地中海区至中亚和墨西哥间断	2	2	100.00	4	1.02	1.02
12-3	地中海区至温带、热带亚洲、大洋洲和南美洲间断	2	7	28.57	2	1.02	0.51
12-4	地中海区至热带亚洲和喜马拉雅间断	1	4	25.00	3	0.51	0.76
13	中亚分布	9	77	11.69	11	4.59	2.80
13-1	中亚东部（亚洲中部中）间断	2	22	9.09	4	1.02	1.02
13-2	中亚至喜马拉雅和华西南间断	1	33	3.03	1	0.51	0.25
13-3	西亚至西喜马拉雅和西藏间断	1	3	33.33	1	0.51	0.25
14	东亚分布	1	77	1.30	1	0.51	0.25
合计	/	196	1966	9.97	393	/	/

卡山自然保护区共有分布型和亚型 22 类，其中，1——世界分布的 26 属 88 种、2——泛热带分布的 10 属 19 种、4——旧世界热带分布的 1 属 1 种、7—热带亚洲分布的 1 属 1 种外；其他所有的均属于 8 ～ 15 项温带性质类型，包括 158 属 284 种，分别占总数的 80.61%、72.26%。其中属于 12——地中海区、西亚至中亚分布的属数、种数都是最多的，65 属 103 种，分别占总数的 33.16%、26.21%，表明地中海区、西亚至中亚分布是卡山自然保护区植物区系的基本特点。

1——世界分布区类型（Cosmopolitan），是指几乎遍布世界各大洲而没有特殊分布中心的属，或虽有一个或数个分布中心而包含世界分布种的属。这种类型卡山自然保护区有 26 属 88 种，这种分布区类型分布广且常见。

2——泛热带分布区类型（Pantropic），包括普遍分布于东、西两半球热带，和在全世界热带范围内有一个或数个分布中心，但在其他地区也有一些种类分布的热带属。这种分布区类型本区仅有 10 属 19 种。

4——旧世界热带分布（Old World Tropics），是指亚洲、非洲和大洋洲热带地区及其邻近岛屿，以与美洲新大陆热带相区别。这种分布区类型本区仅有 1 属 1 种。

7——热带亚洲（印度—马来西亚）分布［Trop. Asia（Indo-Malesia）］，是旧世界热带的中心部分。分布范围包括印度、斯里兰卡、缅甸、泰国、中南半岛、印度尼西亚、加里曼丹、菲律宾及新几内亚等。其中分布区的北部边缘，往往到达我国西南、华南及台湾，甚至更北地区。这种分布区类型本区仅有 1 属 1 种。

8——北温带分布（North Temperate），是指那些广泛分布于欧洲、亚洲和北美洲温带地区的属。由于地理和历史的原因，有些属沿山脉向南延伸到热带山区，甚至远达南半球温带，但其原始类型或分布中心仍在北温带。这种分布区类型在本区有 23 属 52 种。

其中：

8-4——北温带和南温带间断分布（N. Temp. & S. Temp. disjuncted），是北温带分布的一个变型，本区有 13 属 29 种。

8-5——欧亚和南美洲温带间断分布（Eurasia & Temp. S. Amer. disjuncted），是北温带分布的一个变型，本区有 2 属 2 种。

9——东亚—北美间断分布（E. As. & N. Amer. Disjuncted），是指分布于东亚和北美洲温带及亚热带地区的许多属，本区有 1 属 1 种。

10——旧世界温带分布（Old World Temperate），一般是指广泛分布于欧洲、亚洲中—高纬度的温带和寒温带、或最多个别延伸到亚洲—非洲热带山地或甚至澳大利亚的属。本区分布有 16 属 26 种。

其中：

10-1——地中海区、西亚和东亚间断分布（Mediteranea. W. Asia & E. Asia disjuncted），是旧世界温带分布类型的一个变型，分布中心多偏于东亚、个别则偏于地中海—西亚。本区仅分布有 3 属 13 种。

10-3——欧亚和南部非洲间断分布（Eurasia & S. Africa disjuncted），是旧世界温带分布区类型第三个变型。本区分布有 4 属 13 种。

11——温带亚洲分布（Temp. Asia），是指主要局限于亚洲温带地区的属。它们分布区的范围一般包括从南俄罗斯至东西伯利亚和亚洲东北部，南部界限至喜马拉雅山区，我国西南、华北至东北，朝鲜和日本北部。这种分布区类型本区有 9 属 11 种。

12——地中海区、西亚至中亚分布（Mediterranea，W. Asia to C. Asia），是指分布于现代地中海周围，经过西亚或西南亚至中亚和我国新疆、青藏高原及蒙古高原一带的属。这种类型本区分布有 65 属 103 种。

其中：

12-1——地中海区至中亚和南非洲、大洋洲间断分布（Mediterranea to C. Asia & S. Africa，australasia disjuncted），这种类型本区分布有 3 属 7 种。

12-2——地中海区至中亚和墨西哥至美国南部间断分布（Mediterranea to C. Asia & Mexico to S. USA. disjuncted），这种类型本区分布有 2 属 4 种。

12-3——地中海区至温带—热带亚洲、大洋洲和南美洲间断分布（Mediterranea to Temp.-Trop. Asia，Australasia & S. Amer disjuncted），这种类型保护区仅分布有 2 属 2 种。

12-4——地中海区至热带亚洲和喜马拉雅间断分布（Mediterranea to Trop. Africa & Himalaya disjuncted），这种类型本区仅分布有 1 属 3 种。

13——中亚分布（C. Asia），是指只分布于中亚（特别是山地）而不见于西亚及地中海周围的属，即约位于古地中海的东半部。这种分布区类型本区共有 9 属 11 种。

其中：

13-1——中亚东部（亚洲中部）分布 [（East C. Asia（or Asia Media），in Sinkiang（especially Kaschgaria），Kansu，Qinghai to Mongolia）]，在我国新疆（特别是南疆）、甘肃、青海至内蒙古。这种类型本区仅分布有 2 属 4 种。

13-2——中亚至喜马拉雅和华西南分布（C. As. to Himal. & SW. China），为中亚东部至喜马拉雅中和我国西南部，实是在青藏高原的西、南、东三面。此类型在本区仅有 1 属 1 种。

13-3——西亚至西喜马拉雅和西藏分布（W.Asia to W.himalaya & Tibet），这种类型本区仅分布有 1 属 1 种。

14——东亚分布（E. Asia），是指从东喜马拉雅，至分布到日本的一些属。一般分布区较小，几乎都是森林区系成分，并且分布中心不超过喜马拉雅至日本的范围。这种类型本区内仅分布 1 属 1 种。

其中：

14-SH 中国—喜马拉雅分布（Sino-Himalaya），是东亚分布类型的一个变型，主要分布于喜马拉雅山区诸国至我国西南诸省，有的达到陕西、甘肃、华东或中国台湾地区，向南延伸到中南半岛，但不见于日本。

3.2 植　被

卡山自然保护区东部属砾石戈壁，中部属卡拉麦里山，西部属沙漠。卡拉麦里山东西走向，南北宽 20 ～ 40 千米，一般海拔高度 1000 米，相对高差不足 500 米。北面为低山丘陵，坡度较缓，相对高差仅几十米。山岭以南为将军戈壁，个别地段形成沙丘。保护区西部沙漠是古尔班通古特沙漠的一部分，有 6 条大的中速流动沙垅和大面积的格状沙丘链。山地丘陵、风蚀台原与沙漠的交界处形成大的泥漠。由于这种特殊的自然地理条件，使之成为我区荒漠生态环境的典型区域。保护区南部及西南部，梭梭、白梭梭在荒漠占有较大比重。西部半固定沙丘上为禾草—短叶假木贼草原化沙漠，并有少量琵琶柴分布。禾草类主要有针茅、沙生针茅、三芒草、驼绒藜、沙蒿等。在固定沙丘上，驼绒藜、小蒿荒漠是重要的植被。在受特殊的环境因素和长期自然界作用力的影响下，使保护区形成了特殊的地貌景观，在此生长和栖息的多种荒漠植物与野生动物，组成复合生态系统，生物与其环境之间的相互依存、相互制约的复杂关系，维系着最适宜的生物结构图式，构成自然整体。因而，研究植被对于保护自然环境和自然资源，维持生态平衡以及发挥其多种功能和效益均具有重要意义。

3.2.1 植被概述

在我国植被区划上，卡山自然保护区属于温带荒漠区。干旱是保护区生态环境的基本特征，它决定了这里荒漠植被水平地带性分布的广泛。保护区内植被组成较为简单，类型较单调，分布较稀疏。这里生存的建群植物是由超旱生、旱生的小乔木、灌木、半灌木以及旱生的一年生草本、多年生草本和短命植物等荒漠植物组成（图 3.1、图 3.2）。

自然保护区植被类型按照《中国植被》及《新疆植被及其利用》的分类原则，即植物群落学—生态学原则，既强调植物群落本身特征又十分注意群落的生态环境及其关系，将保护区主要的自然植被划分为 2 个植被型组，6 个植被型，32 个群系。

图 3.1 卡山自然保护区内的植被（一）

图 3.2 卡山自然保护区内的植被（二）

3.2.2 主要植被类型

1. 荒 漠

（1）灌木荒漠

卡山自然保护区的灌木荒漠由适中温超旱生灌木所形成的植物群落的综合。建群种主要有膜果麻黄、木霸王、泡果白刺、灌木旋花、裸果木、沙拐枣、拳木蓼和长枝木蓼。

① 膜果麻黄群系（From. *Ephedra przewalskii*）

② 木霸王群系（From. *Sarcozygium xanthoxylon*）

③ 泡果白刺群系（From. *Nitraria sphaerocarpa*）

④ 裸果木群系（From. *Gymnocarpos przewalskii*）

⑤ 灌木旋花群系（From. *Convolvulus fruticosus*）

⑥ 沙拐枣群系（From. *Calligonum mongolicum*）

⑦ 拳木蓼群系（From. *Atraphaxis compacta*）

⑧ 长枝木蓼群系（From. *Atraphaxis virgata*）

（2）小半乔木荒漠

卡山自然保护区的小半乔木荒漠是建群植物生活型同属于超旱生小半乔木的植物群落综合而成的。建群种主要有梭梭、白梭梭，还有两者的共优群落。

① 梭梭群系（Form. *Haloxylon ammodendron*）

② 白梭梭群系（Form. *Haloxylon persicum*）

③ 梭梭 + 白梭梭群系（Form. *Haloxylon persicum* + *Haloxylon ammodendron*）

（3）半灌木荒漠

卡山自然保护区的半灌木荒漠是建群植物生活型同属于超旱生半灌木的植物群落的总称。建群种主要有灌木紫菀木、淡枝沙拐枣、戈壁藜、琵琶柴和驼绒藜。

① 灌木紫菀木群系（Form. *Asterothamnus fruticosus*）

② 淡枝沙拐枣群系（Form. *Calligonum leucocladum*）

③ 琵琶柴群系（Form. *Reaumuria soongarica*）

④ 驼绒黎群系（Form. *Ceratoides ewersmanniana*）

⑤ 戈壁藜群系（Form. *Iljinia regelii*）

（4）小半灌木荒漠

卡山自然保护区的小半灌木荒漠的建群种生活型为超旱生小半灌木，包括蒿艾类荒漠和盐柴类荒漠，建群种为小蒿、地白蒿、苦艾蒿、沙蒿、盐生假木贼、无叶假木贼、短叶假木贼和木本猪毛菜。

① 小蒿群系（Form. *Artemisia gracilescens*）

② 地白蒿群系（Form. *Artemisia terrae-albae*）

③ 苦艾蒿群系（Form. *Artemisia santolina*）

④ 沙蒿群系（Form. *Artemisia desertorum*）

⑤ 盐生假木贼群系（Form. *Anabasis salsa*）

⑥ 无叶假木贼群系（Form. *Anabasis aphylla*）

⑦ 短叶假木贼群系（Form. *Anabasis brevifolia*）

⑧ 木本猪毛菜群系（Form. *Salsola arbuscula*）

（5）多汁木本盐柴类荒漠

卡山自然保护区多汁木本盐柴类荒漠的建群植物生活型为高度耐盐或喜盐的多汁半灌木或小半灌木，植物体（特别是叶）含浆汁多，并含有可溶性盐。组成这类荒漠的植物种比较贫乏，层片结构多属单一层片。群落建群种为盐穗木、盐节木、樟味藜和盐穗木、盐节木。

① 盐穗木群系（Form. *Halostachys caspica*）

② 盐节木群系（Form. *Halocnemum strobilaceum*）

③ 盐穗木 + 盐节木群系（Form. *Halostachys caspica* + *Halocnemum strobilaceum*）

④ 樟味藜群系（Form. *Camphorosma monspeliaca*）

2. 草　原

荒漠草原是草原中最旱生的类型，在它的真旱生和广旱生丛生禾草组成中经常混生有超旱生半灌木，而且它们在群落结构中也起重要作用。群落建群种主要是沙生针茅和东方针茅（图 3.3、图 3.4）：

① 沙生针茅群系（Form. *Stipa caucasica*）

② 东方针茅群系（Form. *Stipa orientalis*）

图 3.3　有蹄类动物喜食的沙生针茅（一）

图 3.4　有蹄类动物喜食的沙生针茅（二）

3.2.3　植被主要特征

卡山自然保护区虽处干旱荒漠区，但独特的气候环境影响下，也生长着许多种类植物。保护区内植物资源较丰富，是地处欧亚大陆腹地中一块得天独厚的荒漠区自然资源宝库，对保护区的植物资源的保存、保护和深入系统的研究具有十分重要的意义。

1. 植物区系组成较贫乏

卡山自然保护区内高等植物有 46 科 193 属 393 种。从植物种的饱和度评价，平均每 60 平方米的面积内尚不足 1 个种群，显而易见，植物区系的组成是较贫乏的。

2. 旱生和超旱生植物多，一年生短命植物种类比重大

卡山自然保护区内生长的植物，一般不能利用地下潜水，只能依赖少量的大气降水、湿沙层及沙层凝结水维持其个体生长发育过程。因此，区内的植物除某些依靠融雪水和春季雨水生存的短命植物以外，大多都是旱生和超旱生的种类。由其所形成的植物群落类型，也是能够适应干旱的荒漠植被。其中，梭梭群系、白梭梭群系、梭梭 + 白梭梭群系，分布广、面积大，几乎占据整个保护区，是保护区最具特色的景观。植被的生活型组成中，一年生短命植物的占比最大。

3. 中生植被极不发育

中生植物群落的生存总是与地下潜水位保持一定联系，形成隐域性的植被景观。保护区内的中生植被极不发育，植被生态学角度认为，属典型温带荒漠生态系统性质。

4. 植物的自然丛生过程

保护区虽然十分干旱，但各个季节仍有一定份额的降水，特别是稳定的冬雪春雨和沙层悬湿水，对荒漠中植物的生存和分布，具有头等重要的生态意义。

春季，沙丘水分状况较优越，短命植物迅速萌发形成大量个体群，梭梭、沙拐枣、蒿类等也由于获得冬雪春雨的滋润，能够通过种子天然更新过程。夏季，某些耐高温的一年生长营养期植物，利用夏秋季每次少量降水，完成其生长发育过程。在长期自然选择过程中，这里的植物年复一年地进行自然丛生过程，维持其植物种群和植被的持续发展。

5. 特定的生态效益

准噶尔盆地处于亚洲中部，是一个内陆的温带荒漠区。这里分布着世界上罕见的一大片荒漠碱化土壤。而保护区恰好处于准噶尔盆地中东部，这里的荒漠化现象十分严重。保护区内分布着多种荒漠植物群落，其个体耐干旱、耐贫瘠、耐风蚀，又能适生于流动、半流动和半固定的沙质环境。这些植物群落在防风固沙、减缓土地沙漠化起着重要的作用。在保护区内严重干旱和沙源较丰富地带，梭梭、白梭梭、沙拐枣等植被群落的影响下，风沙流受到一定的阻碍，前移速度减缓。具有特定的生态效益、防护效益。

6. 独特的植物资源

卡山自然保护区内有多种典型的荒漠植物种类，这些种类进过长期的自然因素作用和淘汰，使它们具有独特的生态学特征和群落学特征。在荒漠区典型的地貌、土壤、气候因素的影响下，保留了许多珍贵稀有的植物种类。有的因地域分布不同，成为本区特有种；有的因人类活动、气候等各种原因而成为濒危种。保护区内已有 5 种种子植物被列入《中国珍稀濒危植物名录》，有 12 种种子植物被列入《国家重点保护野生植物名录》，有 22 种种子植物被列入《新疆维吾尔自治区重点保护野生植物名录（第一批）》。这些植物种类是具有很高的科学研究价值和潜在的重要利用价值。同时，保护区内生长着多种沙生植物，其在医药和食用方面有很大的开发潜力。

3.2.4 评　价

1. 代表了温带荒漠区的植被特点

卡山自然保护区位于准噶尔盆地东部，其地理位置特殊，自然条件及生物组合极具干旱、半干旱荒漠区特性，它与具有高原荒漠特性的新疆塔什库尔干自然保护区同为我国乃至世界同类地区的典型代表，区内生长的植物、动物及奇特的雅丹地貌和古生物化石具有很高的自然保护、科学研究及科学考察价值，代表了温带荒漠区的植被特点。

2. 生态系统结构简单、脆弱

生态系统结构较简单，覆盖率较低，基本上都在 50% 以下；群落组成简单，多由超旱生、旱生的小乔木、灌木、半灌木以及旱生的一年生草本、多年生草本和一年生的短命植物等荒漠植物组成。生态系统非常脆弱，一旦受到干扰、破坏，在这种极度环境条件下，较难恢复。

3. 植被起源的原生性

卡山自然保护区内大部分面积都是无人区，除了少量盗猎和放牧活动外，基本上没有人为干扰，各种植被类型均保持着原生状态。

4. 自然保护区成为野生动物的"天堂"

卡山自然保护区位于新疆准噶尔盆地东部，几乎覆盖了准东荒漠的中心。由于特殊的地理气候条件，其植物构成和动物区系结构简单，生态环境脆弱，极易遭受毁灭性的破坏。保护区所在地是准噶尔盆地荒漠动物的集中栖息区，其上生长的各种荒漠植被是荒漠动物生存的源泉，为野生动物提供了丰富的食物来源，成为野生动物的"天堂"。

5. 良好的科研基地

卡山自然保护区所处区域，是我国珍稀动物普氏野马、蒙古野驴、鹅喉羚等的栖息繁衍区域之一，由于种种原因，这些物种的数量大量减少，其中赛加羚和普氏野马已经在野外灭绝。保护区野生动物活动范围在不断缩小，生存环境遭到了不同程度的破坏，它们的生活习性、生活规律均受到不同程度的影响。

为了保护濒危的蒙古野驴、鹅喉羚等野生动物，重现普氏野马、赛加羚的足迹，保护区为我们提供了良好的科研基地和材料。

3.3 珍稀濒危保护植物

1. 分布在卡山自然保护区的新疆重点保护野生植物

卡山自然保护区内有 12 科 15 属 22 种种子植物列入新疆维吾尔自治区人民政府办公厅发布《新疆维吾尔自治区重点保护野生植物名录（第一批）》。具体如下所示：

麻黄科 Ephedraceae

麻黄属 *Ephedra*

蛇麻黄 *Ephedra distachya*

砂地麻黄 *Ephedra lomatolepis*

膜翅麻黄 *Ephedra przewalskii*

中麻黄 *Ephedra intermedia*

细子麻黄 *Ephedra regeliana*

藜科 Chenopodiaceae

梭梭属 *Haloxylon*

梭梭 *Haloxylon ammodendron*

白梭梭 *Haloxylon persicum*

裸果木科 Paronychlaceae

裸果木属 *Gymnocarpos*

裸果木 *Gymnocarpos przewalskii*

山柑科 Capparidaceae

山柑属 *Capparis*

刺山柑（老鼠瓜、棰果藤）*Capparis spinosa*

十字花科 Cruciferae

棒果芥属 *Sterigmostemum*

福海棒果芥 *Sterigmostemum fuhaiense*

豆科 Leguminosae

黄耆属 *Astragalus*

茧荚黄耆 *Astragalus lehmannianus*

无叶豆属 *Eremosparton*

准噶尔无叶豆 *Eremosparton songoricum*

甘草属 *Glycyrrhiza*

甘草 *Glycyrrhiza uralensia*

胡颓子科 Elaeagnaceae

胡颓子属 *Elaeagnus*

尖果沙枣 *Elaeagnus oxycarpa*

锁阳科 Cynomoriaceae

锁阳属 *Cynomorium*

锁阳 *Cynomorium songarium*

伞形科 Umbelliferae

阿魏属 *Ferula*

多伞阿魏 *Ferula ferulaeoides*

阜康阿魏 *Ferula* fukanensis

夹竹桃科 Apocynaceae

罗布麻属 *Apocynum*

罗布麻 *Apocynum venetum*

白麻属 *Poacynum*

白麻 *Poacynum pictum*

紫草科 Boraginaceae

软紫草属 *Arnebia*

软紫草 *Arnebia euchroma*

列当科 Orobanchaceae

肉苁蓉属 *Cistanche*

肉苁蓉 *Cistanche deserticola*

盐生肉苁蓉 *Cistanche salsa*

2. 分布在卡山自然保护区的中国珍稀濒危植物

卡山自然保护区内已有 4 科 4 属 5 种种子植物被列入国家林业和草原局野生动植物保护和自然保护区管理司发布的《中国珍稀濒危植物名录》。具体如下所示：

杨柳科 Salicaceae

杨属 *Populus*

胡杨 *Populus euphratica*

藜科 Chenopodiaceae

梭梭属 *Haloxylo*

梭梭 *Haloxylon ammodendron*

白梭梭 *Haloxylon persicum*

裸果木科 Paronychlaceae

裸果木属 *Gymnocarpos*

裸果木 *Gymnocarpos przewalskii*

列当科 Orobanchaceae

肉苁蓉属 *Cistanche*

肉苁蓉 *Cistanche deserticola*

3.4 资源植物

根据沈观冕先生编著的《新疆经济植物及其利用》，新疆植物资源按用途可分为16大类，即：① 食用植物；② 药用植物；③ 木材植物；④ 纤维植物；⑤ 染料植物；⑥ 染料植物；⑦ 鞣料植物；⑧ 防护和美化环境植物；⑨ 有毒植物；⑩ 造纸植物；⑪ 油料植物；⑫ 香料植物；⑬ 胶脂植物；⑭ 植物化工原料植物；⑮ 饲料植物；⑯ 蜜源植物。其中许多种类是相互交叉的，并可补充分为若干小类。一个地区拥有门类众多的植物科属，对选择和发掘新资源具备十分有利的条件，也就具有明显的资源优势和潜在的经济优势。

据调查，保护区目前已知种子植物计有393种，资源植物种类相对较多，一些种类贮量丰富，有直接开发利用价值。资源植物如下所示：

麻黄科 Ephedraceae

麻黄属 *Ephedra*

蛇麻黄 *E. distachya*

用途：食用、药用、有毒。

砂地麻黄 *E. lomatolepis*

用途：环境防护（固沙）、有毒、药用。

膜翅麻黄 *E. przewalskii*

用途：环境防护（固沙）、燃料、饲料、有毒、药用。

中麻黄 *E. intermedia*

用途：有毒、药用、植化原料（麻黄碱）。

杨柳科 Salicaceae

杨属 *Populus*

胡杨 *P. euphratica*

用途：药用、木材、饲料、燃料、胶脂、环境防护（绿化）。

蓼科 Polygonaceae

大黄属 *Rheum*

矮大黄（沙地大黄）*R. nanum*

用途：鞣料、饲料。

沙拐枣属 *Calligonum*

淡枝沙拐枣 *C. leucocladum*

用途：鞣料、食用、蜜源、环境防护（固沙、观赏）、饲料。

沙拐枣 *C. mongolicum*

用途：药用、饲料、环境防护（固沙）。

藜科 Chenopodiaceae

盐爪爪属 *Kalidium*

里海盐爪爪 *K. capsicum*

用途：植化原料（碳酸盐）、有毒（杀虫）、饲料（骆驼）。

盐爪爪 *K. foliatum*

用途：植化原料（碳酸盐）、饲料。

盐节木属 *Halocnemum*

盐节木 *H. strobiaceum*

用途：植化原料（钾盐）、有毒（杀虫）、饲料、燃料、环境防护（观赏）。

盐穗木属 *Halostachys*

盐穗木 *H. caspica*

用途：饲料、植化原料（生物碱）、有毒（杀虫）。

驼绒藜属 *Ceratoides*

驼绒藜 *C. latens*

用途：饲料、燃料、环境防护（固沙、观赏）。

滨藜属 *Atriplex*

鞑靼滨藜 *A. tatarica*

用途：食用、饲料、植化原料（碳酸钾、维生素）。

白滨藜 *A. cana*

用途：饲料、燃料。

角果藜属 *Ceratocarpus*

角果藜 *C. arenarius*

用途：饲料、环境防护（固沙、固土）。

沙蓬属 *Agriophyllum*

侧花沙蓬 *A. laterflorum*

用途：食用、油料、饲料、药用、环境防护（固沙）。

小沙蓬 *A. minus.*

用途：食用、油料、饲料、环境防护（固沙）。

沙蓬 *A. squarrosum*

用途：食用、油料、药用、饲料、环境防护（固沙）。

虫实属 *Corispermum*

倒披针叶虫实 *C. lehmannianum*

用途：饲料、环境防护（固沙）。

藜属 *Chenopodium*

香藜 *Ch. botrys*

用途：药用、有毒（治蛾）、饲料。

灰绿藜 *Ch. glaucum*

用途：饲料、药用、植化原料（皂素、钾盐）。

藜 *Ch. album*

用途：食用、油料、药用、染料、饲料、有毒、蜜源。

地肤属 *Kochia*

木地肤 *K. prostrata*

用途：饲料、燃料、植化原料（碳酸盐）。

地肤 *K. scoparia*

用途：药用、食用、饲料、燃料、纤维、环境防护（观赏）。

雾冰藜属 *Bassia*

雾冰藜 *B. dasyphylla*

用途：药用、饲料。

樟味藜属 *Camphorosma*

樟味藜 *C. monspeliaca*

用途：饲料、药用。

碱蓬属 *Suaeda*

高碱蓬 *S. altissima*

用途：防护（固沙），植化原料。

小叶碱蓬 *S. microphylla*

用途：防护（固沙），植化原料。

囊果碱蓬 *S. physophora*

用途：防护（固沙），植化原料。

盐地碱蓬 *S. salsa*

用途：防护（固沙），植化原料。

梭梭属 *Haloxylon*

梭梭 *H. ammodendron*

用途：防护（固沙）、燃料、植化原料（碳酸盐）、饲料。

白梭梭 *H. persicum*

用途：防护（固沙）、燃料、植化原料（碳酸盐）、饲料。

假木贼属 *Anabasis*

无叶假木贼 *A. aphylla*

用途：有毒、药用、植化原料（生物碱、碳酸盐）、饲料。

盐生假木贼 *A. salsa*

用途：饲料。

毛足假木贼 *A. eriopoda*

用途：有毒、植化原料（碳酸盐）。

盐生草属 *Halogeton*

白茎盐生草 *H. arachnoideus*

用途：植化原料（碱）、饲料。

盐生草 *H. glomeratus*

用途：有毒、饲料。

猪毛菜属 *Salsola*

木本猪毛菜 *S. arbuscula*

用途：饲料、燃料、鞣料、染料。

散枝猪毛菜 *S. brachiata*

用途：植化原料（碳酸盐）、饲料。

猪毛菜 *S. collina*

用途：食用、油料、染料、植化原料（碳酸盐）、饲料。

浆果猪毛菜 *S. foliosa*

用途：有毒、植化原料（碳酸盐）。

短柱猪毛菜 *S. lanata*

用途：植化原料（碳酸盐）、饲料。

刺沙蓬 *S. ruthenica*

用途：药用、植化原料（碳酸盐）、染料、油料、饲料。

石竹科 Caryophyllaceae

无心菜属 *Arenaria*

无心菜 *A. serpyllifolia*

用途：药用、饲料。

石头花属 *Gypsophila*

圆锥石头花 *G. paniculata*

用途：药用、植化原料（皂角苷）、环境防护（固沙、观赏）、饲料。

紫萼石头花 *G. patrinii*

用途：环境防护（观赏）。

王不留行属 *Vaccaria*

王不留行 *V. hispanica*

用途：药用、食用。

毛茛科 Ranunculaceae

碱毛茛属

长叶碱毛茛 *H. ruthenica*

用途：有毒、药用。

罂粟科 Papaveraceae

海罂粟属 *Glaucium*

鳞果海罂粟 *G. squamigerum*

用途：有毒。

角茴香属 *Hypecoum*

角茴香 *H. erectum*

用途：药用。

山柑科 Capparidaceae

山柑属 *Capparis*

刺山柑（老鼠瓜、棰果藤）*C. spinosa*

用途：食用、药用、环境防护（固沙、观赏）、油料、饲料、染料、蜜源。

十字花科 Cruciferae

独行菜属 *Lepidium*

抱茎独行菜 *L. perfoliatum*

用途：食用（野菜）、药用、油料、饲料、有毒。

光苞独行菜 *L. latifolium*

用途：药用、食用、植化原料（碳酸盐）、有毒。

群心菜属 *Cardaria*

群心菜 *C. draba*

用途：食用。

高河菜属 *Megacarpaea*

大果高河菜 *M. megalocarpa*

用途：食用、油料。

庭荠属 *Alyssum*

庭荠 *A. desertorum*

用途：有毒、饲料、油料、环境防护（观赏）、蜜源。

涩荠属 *Malcolmia*

涩荠 *M. africana*

用途：药用、饲料、油料。

四棱荠属 *Goldbachia*

四棱荠 *G. laevigata*

用途：油料、饲料。

糖芥属 *Erysimum*

小花糖芥 *E. cheiranthoides*

用途：药用、有毒、油料。

灰毛糖芥 *E. canescens*

用途：药用、有毒。

棱果芥属 *Syrenia*

棱果芥 *S. siliculosa*

用途：药用、有毒。

播娘蒿属 *Descurainia*

播娘蒿 *D. sophia*

用途：药用、食用、油料、饲料、有毒。

景天科 Crassulaceae

瓦松属 *Orostachys*

黄花瓦松 *O. spinosa*

用途：药用。

蔷薇科 Rosaceae

委陵菜属 *Potentilla*

二裂委陵菜 *P.* bifurca

用途：药用、饲料、蜜源。

豆科 Leguminosae

骆驼刺属 *Alhagi*

骆驼刺 *A. sparsifolia*

用途：饲料、药用、蜜源、环境防护（观赏）。

黄耆属 *Astragalus*

弯花黄耆 *A. flexus*

用途：饲料、环境保护（固沙）。

茧荚黄耆 *A. lehmannianus*

用途：饲料、环境保护（固沙）。

锦鸡儿属 *Caragana*

白皮锦鸡儿 *C. leucophloea*

用途：饲料、环境保护（固沙、保土）、药用。

无叶豆属 *Eremosparton*

准噶尔无叶豆 *E. songoricum*

用途：饲料、有毒。

甘草属 *Glycyrrhiza*

甘草 *G. uralensia*

用途：药用、植化原料（甘草酸）、饲料。

铃铛刺属 *Halimodendron*

铃铛刺 *H. halodendron*

用途：环境防护（观赏、绿化）、染料、饲料、燃料。

槐属 *Sophora*

苦豆子 *S. alopecuroides*

用途：药用、有毒。

胡卢巴属 *Trigonella*

网脉胡卢巴 *T. cancellata*

用途：饲料。

白刺科 Nitrariaceae

白刺属 *Nitraria*

西伯利亚白刺 *N. sibirica*

用途：环境防护（固沙）、食用、药用、饲料。

大果白刺 *N. roborowskii*

用途：环境防护（固沙）、食用、药用、饲料。

唐古特白刺 *N. tangutorum*

用途：环境防护（固沙）、食用、药用、油料、饲料。

骆驼蓬科 Peganaceae

骆驼蓬属 *Peganum*

骆驼蓬 *P. harmala*

用途：药用、染料、油料、有毒、饲料。

蒺藜科 Zygophyllaceae

蒺藜属 *Tribulus*

蒺藜 *T. terrestris*

用途：药用、饲料、有毒。

木霸王属 *Sarcozygium*

木霸王 *S. xanthoxylon*

用途：饲料、燃料、药用。

大戟科 Euphorbiaceae

大戟属 *Euphorbia*

地锦 *E. humifusa*

用途：药用、鞣料、有毒。

锦葵科 Malvaceae

苘麻属 *Abutilon*

苘麻 *A. theophrasti*

用途：纤维（编织）、药用、油料、食用。

柽柳科 Tamaricaceae

琵琶柴属 *Reaumuria*

琵琶柴 *R. soongorica*

用途：饲料、药用。

柽柳属 *Tamarix*

长穗柽柳 *T. elongate*

用途：环境防护（固沙、观赏）、燃料、饲料、染料。

细穗柽柳 *T. leptostachys*

用途：环境防护（固沙、改土、绿化）、染料、燃料。

多枝柽柳 *T. ramosissima*

用途：药用、环境防护（观赏、改土、固沙）、纤维（编织）、鞣料、染料、饲料、燃料。

短穗柽柳 *T. laxa*

用途：环境防护（观赏、固沙）、药用、鞣料、染料、燃料、蜜源。

刚毛柽柳 *T. hispida*

用途：木材、环境防护（改土、固沙）、燃料、药用、饲料。

胡颓子科 Elaeagnaceae

胡颓子属 *Elaeagnus*

尖果沙枣 *E. oxycarpa*

用途：食用、药用、木材、燃料、胶脂、香料、染料、鞣料、饲料、环境防护（绿化、观赏）、蜜源。

锁阳科 Cynomoriaceae

锁阳属 *Cynomorium*

锁阳 *C. songarium*

用途：药用、食用、染料、鞣料、饲料。

伞形科 Umbelliferae

阿魏属 *Ferula*

多伞阿魏 *F. ferulaeoides*

用途：饲料、药用、胶脂、燃料。

沙生阿魏 *F. dubjianskyi*

用途：食用。

阜康阿魏 F. fukanensis

用途：药用、胶脂。

报春花科 Primulaceae

海乳草属 *Glaux*

海乳草 *G. maritima*

用途：饲料、有毒、食用。

白花丹科 Plumbaginaceae

驼舌草属 *Goniolimon*

驼舌草 *G. speciosum*

用途：药用、环境防护（观赏）。

补血草属 *Limonium*

大叶补血草 *L. gmelinii*

用途：药用、鞣料、染料、蜜源。

木本补血草 *L. suffruticosum*

用途：鞣料、染料、药用、饲料。

耳叶补血草 *L. otolepis*

用途：鞣料、染料、饲料、蜜源。

夹竹桃科 Apocynaceae

罗布麻属 *Apocynum*

罗布麻 *A. venetum*

用途：药用、纤维、胶脂、油料、鞣料、环境防护（观赏）、蜜源。

白麻属 *Poacynum*

白麻 *P. pictum*

用途：药用、纤维、环境防护（观赏）、蜜源。

旋花科 Convolvulaceae

旋花属 *Convolvulus*

田旋花 *C. arvensis*

用途：药用、有毒、饲料。

菟丝子属 Cuscuta

菟丝子 *C. chinensis*

用途：药用。

紫草科 Boraginaceae

软紫草属 *Arnebia*

黄花软紫草 *A. guttata*

用途：药用。

软紫草 *A. euchroma*

用途：药用、染料。

鹤虱属 *Lappula*

鹤虱 *L. myosotis*

用途：药用、油料。

唇形科 Labiatae

裂叶荆芥属 *Schizonepeta*

小裂叶荆芥 *S. annua*

用途：香料、植化原料（百里香酚）。

扁柄草属 *Lallemantia*

扁柄草 *L. royleana*

用途：药用。

鼠尾草属 *Salvia*

新疆鼠尾草 *S. deserta*

用途：油料、药用、蜜源。

新塔花属 *Ziziphora*

芳香新塔花 *Z. clinopodioides*

用途：药用、香料、食用、蜜源。

茄科 Solanaceae

枸杞属 *Lycium*

黑果枸杞 *L. ruthenicum*

用途：饲料、有毒、药用。

玄参科 Scrophulariaceae

玄参属 *Scrophularia*

砾玄参 *S.* incisa

用途：药用。

野胡麻属 *Dodartia*

野胡麻 *D. orientalis*

用途：药用、有毒、胶脂、饲料。

列当科 Orobanchaceae

肉苁蓉属 *Cistanche*

盐生肉苁蓉 *C. salsa*

用途：药用、食用。

肉苁蓉 *C. deserticola*

用途：药用、食用。

列当属 *Orobanche*

列当 *O. coerulescens*

用途：药用。

弯管列当 *O. cernua*

用途：药用。

茜草科 Rubiaceae

拉拉藤属 *Galium*

拉拉藤 *G. aparine*

用途：药用、食用（代咖啡）、染料、饲料。

菊科 Compositae

蒿属 *Artemisia*

沙蒿 *A. arenaria*

用途：环境防护（固沙）、饲料。

白莲蒿 *A. sacrorum*

用途：香料、植化原料（维生素）、饲料。

大籽蒿 *A. sieversiana*

用途：药用、油料、香料、植化原料（挥发油）、饲料。

猪毛蒿 *A. scoparia*

用途：药用、饲料、香料。

黑沙蒿 *A. ordosica*

用途：环境防护（固沙）、纤维（编织）、饲料、药用。

碱蒿 *A. anethifolia*

用途：药用、饲料。

黄花蒿 *A. annua*

用途：药用、油料、纤维、饲料。

银蒿 *A. austriaca*

用途：药用、香料、饲料。

矢车菊属 *Centaurea*

欧亚矢车菊 *C. ruthenica*

用途：食用、油料、胶脂、饲料、蜜源。

蓟属 *Cirsium*

刺儿菜 *C. segetum*

用途：药用、食用、饲料。

丝路蓟 *C. arvense*

用途：有毒、油料、蜜源、药用。

大翅蓟属 *Onopordom*

大翅蓟 *O. acanthium*

用途：油料、食用。

旋覆花属 *Inula*

欧亚旋覆花 *I. britannica*

用途：药用、蜜源。

绢蒿属 *Seriphidium*

白茎绢蒿 *S. terae-albae*

用途：杀虫、饲料、环境防护（固沙）。

沙漠绢蒿 *S. santolinum*

用途：饲料、环境防护（固沙）。

西北绢蒿 *S. nitrosum*

用途：饲料。

狗娃花属 *Heteropappus*

阿尔泰狗娃花 *H. altaicus*

用途：药用、饲料、环境防护（观赏）。

苍耳属 *Xanthium*

苍耳 *X. sibiricum*

用途：药用、有毒、食用、油料、染料、蜜源。

顶羽菊属 *Acroptilon*

顶羽菊 *A. repens*

用途：药用、有毒、饲料、胶脂。

蓝刺头属 *Echinops*

砂蓝刺头 *E. gmelinii*

用途：药用。

白茎蓝刺头 *E. albicaulis*

用途：油料、有毒。

水麦冬科 Juncaginaceae

水麦冬属 *Triglochin*

水麦冬 *T. palustre*

用途：饲料、有毒、药用、植化原料（苏打）。

海韭菜 *T. maritimum*

用途：饲料、有毒、药用、植化原料（苏打）。

禾本科 Graminae

芨芨草属 *Achnatherum*

芨芨草 *A. splendens*

用途：纤维（编织）、造纸、饲料、防护（改土）、药用。

三芒草属 *Aristida*

羽毛三芒草 *A. pennata*

用途：防护（固沙）、饲料。

拂子茅属 *Calamagrostis*

拂子茅 *C. epigeios*

用途：饲料、食用（酿酒）、饲料、药用。

赖草属 *Leymus*

赖草 *L. secalinus*

用途：饲料、药用。

芦苇属 *Phragmites*

芦苇 *P. communis*

用途：纤维（编织、建筑）、造纸、防护（固沙、固堤）、饲料、药用、食用。

狗尾草属 *Setaria*

狗尾草 *S. viridis*

用途：饲料、纤维（造纸）、食用、药用。

偃麦草属 *Elytrigia*

偃麦草 *E. repens*

用途：饲料、药用。

画眉草属 *Eragrostis*

画眉草 *E. pilosa*

用途：药用、饲料。

大画眉草 *E. cilianensis*

用途：药用。

小画眉草 *E. minor*

用途：饲料、环境防护（观赏）

莎草科 Cyperaceae

藨草属 *Scirpus*

水葱 *S. tabernaemontani*

用途：食用、纤维（编织）、药用。

百合科 Liliaceae

独尾草属 *Eremurus*

粗柄独尾草 *E. inderiensis*

用途：胶脂、环境防护（固沙、观赏）。

异翅独尾草 *E. anisopterus*

用途：胶脂、食用、环境防护（固沙、观赏）。

郁金香属 *Tulipa*

伊犁郁金香 *T. iliensis*

用途：食用、药用、饲料。

贝母属 *Fritillaria*

戈壁贝母 *F. karelinii*

用途：药用。

葱属 *Allium*

碱韭 *A. polyrrhizum*

用途：食用、饲料。

蒙古韭 *A. mongolicum*

用途：饲料、食用（调料、蔬菜）、药用。

阿尔泰葱 *A. altaicum*

用途：食用、药用、饲料、蜜源。

石蒜科 Amaryllidaceae

鸢尾蒜属 *Ixiolirion*

鸢尾蒜 *I. tataricum*

用途：环境防护（观赏）、饲料。

鸢尾科 Iridaceae

鸢尾属 *Iris*

白花马蔺 *I. lactea*

用途：饲料、纤维、造纸、药用、环境防护（保持水土）。

马蔺 *I. lactea* var.*chinensis*

用途：纤维（编织）、造纸、食用、药用、油料、环境防护（保持水土）、饲料。

玉蝉花 *I. ensata*

用途：纤维、造纸、油料、药用、环境防护（观赏）、饲料。

细叶鸢尾 *I. tenuifolia*

用途：纤维、有毒。

喜盐鸢尾 *I. halophila*

用途：药用、环境防护（绿化、观赏）。

第4章 动物多样性

4.1 动物区系

动物区系是指在一定的历史条件下，由于地理隔离和分布区的一致所形成的动物整体，也就是有关地区在历史发展过程中所形成和在现今生态条件下所生存的动物群。动物区系由许多分类位置明确并在地理分布上重叠的动物种所组成。根据对我国自然地理区划、动物区系和生态动物地理群的综合分析，把我国分为属于古北界的东北区、蒙新区、华北区、青藏区及属于东洋界的西南区、华中区、华南区等7个区。新疆占我国土地面积的1/6，地处欧亚大陆中心温带、暖温带地区，地大物博、资源丰富、环境各异、物种多样，即使在自然条件十分严酷恶劣的干旱荒漠生态环境中，仍有多种独特的珍稀荒漠动、植物物种分布。新疆在动物地理区划上，分属古北界，欧洲—西伯利亚的阿尔泰—萨彦岭区；中亚分界的哈萨克斯坦区，蒙新区和青藏区，动物区系组成复杂。古北界包括欧洲大陆、北回归线以北的非洲与阿拉伯半岛以及喜马拉雅山脉以北的亚洲。本区与新北界（北美洲）的动物区系有许多共同的特征，因而有人将古北界与新北界合称为全北界。1959年中国科学院动物研究所郑作新、张荣祖提出的我国最早的全国动物地理区划中，正确地把准噶尔盆地动物区系划归古北界中亚亚界蒙新区的准噶尔盆地亚区，并指出它同东部草原区系有明显区别，也与天山区系很不相同，把后者单独划为天山山地亚区。根据《中国动物地理》中的动物分布型划分，新疆动物地理区划见表4.1。

卡山自然保护区在动物地理区划上属古北界—中亚亚界—蒙新区—准噶尔盆地亚区—准噶尔盆地省，因此，保护区野生动物群落结构较为复杂，种类繁多。

由于卡山自然保护区环境恶劣，气候干旱，植物稀疏，生态系统脆弱，这里的野生动物经过漫长的自然选择逐渐适应了保护区独特的栖息环境。在保护区独特的荒漠生态环境，使生存栖息在这里的各种哺乳动物，不论在外部形态、内部器官结构，还是生理生化、生态习性和行为上都适应了环境的影响。并在相当长的一段时间内，经过漫长的自然演发展，野生动物种群达到相对稳定状态，使保护区内的野生动物成为我国乃至世界范围内，荒漠动物区系的典型代表。

表 4.1 新疆动物地理区划表

<table>
<tr><th>0 级别</th><th>00 级别</th><th>1 级</th><th>2 级</th><th>3 级</th></tr>
<tr><td rowspan="15">古北界</td><td>欧洲西伯利亚亚界</td><td>I 阿尔泰—萨彦岭区</td><td>IA 阿尔泰亚区</td><td>IA1 南阿尔泰山地省</td></tr>
<tr><td rowspan="14">中亚亚界</td><td rowspan="4">II 哈萨克斯坦区</td><td rowspan="4">IIA 天山亚区</td><td>IIA1 准噶尔西部山地省</td></tr>
<tr><td>IIA2 巴尔喀什省</td></tr>
<tr><td>IIA3 天山山地省</td></tr>
<tr><td>IIA4 南天山山地省</td></tr>
<tr><td rowspan="7">III 蒙新区</td><td>IIIA 准噶尔盆地亚区</td><td>IIIA1 准噶尔盆地省</td></tr>
<tr><td rowspan="2">IIIB 阿拉善亚区</td><td>IIIB1 柴达木盆地省</td></tr>
<tr><td>IIIB2 诺敏—北山荒漠省</td></tr>
<tr><td rowspan="4">IIIC 塔里木亚区</td><td>IIIE1 柴达木盆地省</td></tr>
<tr><td>IIIC2 塔克拉玛干沙漠省</td></tr>
<tr><td>IIIC3 昆仑山北麓平原省</td></tr>
<tr><td>IIIC4 天山南麓平原省</td></tr>
<tr><td rowspan="3">IV 青藏区</td><td rowspan="3">IVA 羌塘亚区</td><td>IVA1 东昆仑—阿尔金山地省</td></tr>
<tr><td>IVA2 西昆仑山地省</td></tr>
<tr><td>IVA3 帕米尔高原省</td></tr>
</table>

根据《中国动物地理》中的动物分布型划分，在 186 种脊椎动物中，陆栖脊椎动物区系构成主要以古北界种为主，还有部分广布种，属于古北界的共 139 种，占保护区陆栖脊椎动物总数的 74.73%；广布种 47 种，占总数 25.27%。两栖纲、爬行纲动物均属于古北界种类；鸟纲 124 种中古北界种类有 82 种，占鸟纲种类总数的 66.13%，广布种有 42 种，占鸟纲种类总数的 33.87%；哺乳纲动物在动物地理区划上主要属于古北界的物种，共有 33 种，占哺乳纲总数的 86.84%，其余种类主要为广布种，共有 5 种，占哺乳纲总数的 13.16%。在动物地理分布型上，两栖纲、爬行纲主要以中亚型为主，共有 19 种，占两栖纲、爬行纲总数的 82.61%；鸟纲主要以古北型为主，占了鸟类总数的 66.13%，同时还有全北型、高山型、东北—华北型等其他多种分布型；哺乳纲则以中亚型分布型为主，各有 18 种，均占了保护区中哺乳动物总数的 47.37%。保护区内的动物区系特点体现了卡山自然保护区中动物区系为典型的中亚内陆类型的特点，同时物种多样性丰富，具有很高的研究与保护价值。

4.2 动物物种及其分布

卡山自然保护区动物种群结构较为复杂，种类繁多。在野生动物类群中，以适应干旱的种类占优势。

经初步调查统计，卡拉麦里山有蹄类自然保护区内野生脊椎动物共有4纲24目55科186种，占阿勒泰地区野生脊椎动物物种总数（354种）的52.54%，占新疆野生脊椎动物物种总数（770种）的24.16%。保护区中哺乳纲有7目14科38种；鸟纲有15目34科124种；爬行纲有1目6科23种；两栖纲有1目1科1种。从野生动物种类组成来看，保护区陆生脊椎动物以鸟纲占绝对优势，占保护区陆生脊椎动物种类的66.67%；哺乳纲次之，占20.43%；爬行纲占12.36%；两栖纲占0.54%。详见表4.2。

表4.2 卡山自然保护区野生脊椎动物统计表

类别	目数	科数	种数
哺乳纲	7	14	38
鸟纲	15	34	124
爬行纲	1	6	23
两栖纲	1	1	1
合计	24	55	186

4.2.1 哺乳纲

1. 物种组成

有蹄类动物：卡拉麦里山分布着大量的有蹄类动物，主要种类国家一级重点保护野生动物（野放）普氏野马、蒙古野驴等，国家二级重点保护野生动物鹅喉羚、盘羊等，其中蒙古野驴和鹅喉羚为优势种类。冬季在保护区南部越冬，夏初移至卡拉麦里山北部繁殖育幼。夏秋季在卡拉麦里山北的草场，初冬时又回到卡山南部（有蹄类动物概述详见第5章）。

食肉动物：主要有狼（*Canis lupus*）、赤狐（*Vulpes vulpes*）、沙狐（*Vulpes corsac*）、猞猁（*Felis lynx*）、兔狲（*Felis manul*）。狼常以两头以上或小群随鹅喉羚群活动。沙狐、赤狐主要以啮齿类小型动物为食。

啮齿类动物：在保护区沙漠中主要有沙鼠、跳鼠，是猛禽的主要食物。丘陵河谷中有草兔（*Lepus capensis*），常以柽柳灌丛为主要栖息地。

卡山自然保护区共记录哺乳动物38种，分隶属7目14科。占新疆哺乳动物（154种）的24.67%，占我国哺乳动物（414种）的9.17%。其中，食虫目（Insectivora）猬科（Erinaceidae）1种，翼手目（Chiroptera）蝙蝠科（Vespertilionidae）2种，食肉目（Carnivora）犬科（Canidae）3种，鼬科（Mustelidae）2种，猫科（Felidae）2种，奇蹄目（Perissodactyla）马科（Equidae）2种，偶蹄目（Artiodactyla）牛科（Bovidae）2种，兔形目（Lagomorpha）兔科（Leporidae）1种，鼠兔科（Lagomyidae）1种，啮齿目（Rodentia）松鼠科（Sciuridae）2种，仓鼠科（Cricetidae）8种，鼠科（Muridae）2种，林跳鼠科（Zapodidae）1种，跳鼠科（Dipodidae）9种。详见表4.3。

表 4.3　卡山自然保护区哺乳动物组成

序号	目	科数	种数	种比例 / %
1	食虫目	1	1	2.64
2	翼手目	1	2	5.26
3	食肉目	3	7	18.42
4	奇蹄目	1	2	5.26
5	偶蹄目	1	2	5.26
6	兔形目	2	2	5.26
7	啮齿目	5	22	57.90
合计		14	38	/

2. 区系组成

卡山自然保护区的哺乳动物区系组成，以各种有蹄类为优势种（图 4.1、图 4.2），根据张荣祖的《中国动物地理分布》，在记录的 38 种哺乳动物中，广布种（5 种）、北广种（1 种）、北方型（13 种）、中亚型（18 种）、高地型（1 种），分别占该保护区记录哺乳动物种数的 13.16%、2.63%、34.21%、47.37% 和 2.63%，除广布种外属于古北种的数量占到 33 种，占保护区哺乳动物种数的 86.84%，充分体现了古北界物种组成特征。

图 4.1　卡山自然保护区内的蒙古野驴

图 4.2　卡山自然保护区内的鹅喉羚

卡山自然保护区哺乳动物区系组成，中亚成分占有明显优势，北方型和中亚型并重，占优势，中亚型次之，并有少量高地型成分侵入，这是由于保护区地处亚洲中部，气候干旱，主要为荒漠植被，同时又受阿尔泰山、天山和青藏高原区系影响所致。

卡山自然保护区哺乳动物主要有以下几个类型：

（1）广布种：指分布区遍及世界各地，或至少跨越两界以上的种。在保护区分布有 5 种，占保护区哺乳动物种数的 13.16%。

（2）北方型：指分布于欧亚大陆北部的种类，在保护区分布内有 13 种，占保护区哺乳动物种数的 34.21%。

（3）中亚型：指分布于亚洲内陆干旱区荒漠种类，保护区内有 18 种，占保护区哺乳动物种数 47.37%。

（4）高地型：指分布于高山的种类，保护区内有 1 种盘羊（*Ovis awmon*），占保护区哺乳动物种数的 2.63%。

（5）北广种：指古北界广布种类。在保护区分布主要有 1 种普通蝙蝠（*Vespertilio serotinus*），占保护区哺乳动物种数的 2.63%。

卡山自然保护区哺乳动物区系组成详见表 4.4。

表 4.4　卡山自然保护区哺乳动物区系组成

序号	目	种数	种比例 / %
1	广布种	5	13.16
2	北广种	1	2.63
3	北方型	13	34.21
4	中亚型	18	47.37
5	高地型	1	2.63
6	合计	38	/

3. 数　量

根据调查遇见率、生境范围以及有关资料显示，目前保护区内的哺乳动物可以分为优势种、常见种、偶见种和稀有种 4 种数量级别。

（1）优势种：包括蒙古野驴、鹅喉羚、草兔，共 3 种。

（2）常见种：包括普氏野马、柽柳沙鼠（*Meriones tamariscinus*）、子午沙鼠（*Meriones meridianus*）、大沙鼠（*Rhombomys opimus*）、小家鼠（*Mus musculus*）、褐家鼠（*Rattus norvegicus*）等，共 8 种。

（3）偶见种：包括赤狐、沙狐、普通蝙蝠、盘羊等，共 22 种。

（4）稀有种：包括狼、虎鼬（*Vormela personata*）、狗獾（*Meles meles*）、兔狲、猞猁，共 5 种。

4. 分　布

（1）荒漠草原：在荒漠草原区域，因为食物来源比较充足，主要分布的物种为小型啮齿动物，包括草原兔尾鼠（*Lagurus lagurus*）、黄兔尾鼠（*Lagurus luteus*）、毛脚跳鼠（*Dipus sagirta*）、小五趾跳鼠（*Allactaga elater*）等，其他哺乳动物包括草兔等，以及食肉动物赤狐、虎鼬、狼等，大型有蹄类动物主要包括蒙古野驴、普氏野马等。

（2）沙漠：在沙漠区域，食物比较单一，主要分布物种为小型啮齿动物，包括柽柳沙鼠、子午沙鼠、大沙鼠等，其他哺乳动物包括沙狐等。

（3）水源地：包括沙漠中的绿洲及水洼等均发现了各种哺乳动物，包括大型有蹄类动物蒙古野驴、普氏野马、鹅喉羚等，以及食肉动物赤狐、沙狐、狼等。

（4）山地：在卡拉麦里山区域，食物资源丰富，主要分布的物种为盘羊、猞猁、兔狲等。

（5）人类居住区：在人类活动区域附近，分布的主要物种为小家鼠、褐家鼠等。

5. 资源评价

卡山自然保护区属干旱、半干旱荒漠生境类型，保护区中有蹄类动物资源丰富，包括普氏野马、蒙古野驴、鹅喉羚、盘羊等旗舰物种，以及丰富的啮齿类动物。另食肉目动物活动痕迹丰富，本次调查中在水源地发现大量狼的足迹，在沙漠中看到沙狐实体，其对维持荒漠生态系统平衡有重要作用，因此，卡山自然保护区在野生动物保护方面起到非常重要的作用。

4.2.2 鸟 纲

1. 物种组成

卡山自然保护区位于准噶尔盆地腹地，保护区的自然景观、动植物组成不同于其他地区，没有明显的垂直变化，鸟类栖息环境以荒漠草原为主，有少量的隐域湿地生态景观，面积相对很小，又受季节变化影响较大。

保护区属干旱荒漠地区，水资源匮乏，与其他生境类型相比，鸟类种数较少，共有鸟类 15 目 34 科 124 种（详见附录），占新疆维吾尔自治区鸟类（21 目 65 科 453 种）种数的 27.4%，占全国鸟类总数 1435 种的 8.6%。

该地区的鸟类区系组成及分布既有高纬度地区鸟类区系组成的特殊性，又有受到该地区环境因子影响的特征，即以荒漠鸟类为主，猛禽较多（图 4.3、图 4.4），冬季鸟类种类较少。

图 4.3 大鵟

图 4.4 棕尾鵟雏鸟

荒漠生境是保护区内的主要生境，具有面积大、生境单一的特点，在这一生境当中代表物种有亚洲短趾百灵（*Calandrella cheleensis*）、沙䳭（*Oenanthe isabellina*）、蒙古沙雀（*Bucanetes mongolicus*）、毛腿沙鸡（*Syrrhaptes paradoxus*）、棕尾鵟（*Buteo rufinus*）、草原雕（*Aquila nipalensis*）、荒漠伯劳（*Lanius isabellinus*）等，这些鸟类在保护区内分布广泛，较为常见；在荒漠草原生境当中，主要栖息有大鸨（*Otis tarda*）、波斑鸨（*Chlamydotis macqueenii*）等鸟类；水源地为荒漠中野生动物重要的水分获取地，一般周围生有芦苇、红柳等植物，迁徙季节中，在荒漠草原的绿洲、水源附近，以及一些地下水外渗形成的零星湿地内，分布有种群规模达数十只的赤麻鸭（*Tadorna ferruginea*）、凤头麦鸡（*Haemotopus ostralegus*）、金眶鸻（*Charadrius dubius*）、青脚鹬（*Anas platyrhynchos*）等水鸟，同时有黄头鹡鸰（*Motacilla citreola*）等小型鸟类栖息（图 4.5、图 4.6）。

图 4.5　黄头鹡鸰

图 4.6　赤麻鸭

卡山自然保护区鸟类资源中，雀形目（Passeriformes）鸟类最多，共计 13 科 52 种，占卡山自然保护区鸟类种数的 41.9%。非雀形目鸟类共有 72 种，占总数的 58.1%。雀形目鸟类中以鸫科（Turdidae）鸟类占绝对优势，计 11 种，占雀形目鸟类的 21.2%。非雀形目鸟类中猛禽为重要类群，包括隼形目（Falconiformes）鹰科（Accipitridae）14 种、隼科（Falconidae）7 种，鸮形目（Strigiformes）鸱鸮科（Strigidae）4 种，这些猛禽以鼠类、蜥蜴为食，对维持荒漠生态系统平衡起重要作用。卡山自然保护区内的鸟类组成详见表 4.5。

表 4.5　卡山自然保护区鸟类组成

序号	目	科数	种数	种比例 / %
1	鸊鷉目	1	1	0.8
2	鹈形目	1	1	0.8
3	鹳形目	1	3	2.4
4	雁形目	1	8	6.5
5	隼形目	2	21	16.9
6	鸡形目	1	2	1.6
7	鹤形目	3	8	6.5
8	鸻形目	3	11	8.9
9	鸥形目	2	5	4.0
10	鸽形目	2	5	4.0
11	鸮形目	1	4	3.3
12	夜鹰目	1	1	0.8
13	雨燕目	1	1	0.8
14	戴胜目	1	1	0.8
15	雀形目	13	52	41.9
合计		34	124	/

卡山自然保护区的124种鸟类当中，留鸟29种，占保护区鸟类总数的23.39%；迁徙鸟类95种，占保护区鸟类总数的76.61%。其中夏候鸟60种，占保护区鸟类总数的48.39%，旅鸟20种，占保护区鸟类总数的16.13%，冬候鸟15种，占总保护区鸟类数的12.10%。在非雀形目鸟类当中，夏候鸟为主要的种群，共有35种，占到非雀形目鸟类总数的48.61%，留鸟17种，占非雀形目鸟类总数的23.61%，旅鸟13种，占非雀形目鸟类总数的18.06%，冬候鸟7种，占非雀形目鸟类总数的9.72%；雀形目鸟类中也主要是以夏候鸟为主，共有25种，占到雀形目鸟类总数的48.08%，留鸟12种，占到了雀形目鸟类总数的23.08%，旅鸟7种，占雀形目鸟类总数的13.46%，冬候鸟8种，占雀形目鸟类总数的15.38%。夏候鸟占保护区鸟类的大部分，其中长脚秧鸡（*Crex Crex*）、白腰草鹬（*Tringa ochropus*）、青脚滨鹬（*Vanellus vanellus*）、黑翅长脚鹬（*Himantopus himantopus*）、矶鹬（*Actitis hypoleucos*）、黑浮鸥（*Chlidonias niger*）等主要利用水源地为迁徙途中休憩场所，且在水源地较为少见，赤麻鸭、金眶鸻、凤头麦鸡在永久性水源地较为常见，似有繁殖。毛腿沙鸡、棕尾鵟、荒漠伯劳、短趾百灵、沙鵰、蒙古沙雀在保护区内有繁殖且数量较大。卡山自然保护区内各种类型鸟类统计详见表4.6。

表4.6 卡山自然保护区鸟类统计表

分类		非雀形目		雀形目		总计	
		种类	种比例/%	种类	种比例/%	种类	种比例/%
候鸟	夏候鸟	35	48.61	25	48.08	60	48.39
	旅鸟	13	18.06	7	13.46	20	16.13
	冬候鸟	7	9.72	8	15.38	15	12.10
留鸟		17	23.61	12	23.08	29	23.38
合计		72	/	52	/	124	/

2. 区系组成

新疆鸟类在动物地理区划上，分属古北界，欧洲—西伯利亚的阿尔泰—萨彦岭区；中亚分界的哈萨克斯坦区，蒙新区和青藏区，动物区系组成复杂。在卡山自然保护区中，绝大多数鸟类为古北界种类。在124种鸟类当中，古北种鸟类共有82种，占到了鸟类种类总数的66.13%；广布种鸟类共有42种，占到鸟类种类总数的33.87%。

根据《中国动物地理》（张荣祖，2011）中的动物分布型划分，本区域的鸟类可以划分为以下4种主要类型：

（1）古北型：如荒漠伯劳、云雀（*Alauda arrensis*）、蒙古沙雀、纵纹腹小鸮（*Athene noctua*）、白鹡鸰（*Motacilla alba*）等。

（2）全北型：即欧洲—西伯利亚成分。其繁殖区处于欧洲、亚洲北部，其向南延伸至我国新疆和东北等地，一些种类可不同程度向南延伸。为耐寒喜湿的森林草原种类。是阿尔泰山、准噶尔西部山地、天山和伊犁谷地一带的主要区系成分，保护区内

的分布是分布区向山麓、盆地边缘等地的延伸。如灰伯劳（*Lanius excubitor*）、角百灵（*Eremophila alpestris*）、金雕（*Aquila chrysaetos*）等。

（3）中亚型：即中亚—蒙新荒漠成分。主要繁殖在亚洲大陆的中部，一些种类可不同程度向外扩展，在我国主要见于蒙新区，为耐旱荒漠—草原种类。是新疆各盆地的主要区系成分之一。其分布区向附近山地扩散。如大鵟（*Buteo hemilasius*）、沙鵰、黑尾地鸦（*Podoces hendersoni*）等。

（4）其他类型及不易归类的分布类型：东北型 3 种、高地型 1 种。不易归属的鸟类如秃鹫（*Aegypius monachus*）、欧夜鹰（*Caprimugus europaeus*）、原鸽（*Columba livia*）、普通楼燕（*Apus apus*）等。

在保护区的鸟类的地理分布型当中，古北型鸟类占到了大多数，占到了卡山自然保护区鸟类总数的 27.4%，为主要的优势种，分布范围比较广泛、分布类型不易归类的鸟类在保护区中也占到了一定的比例，达到了 34.7%。保护区各种鸟类分布类型数量及占到保护区内鸟类总数的比例详见表 4.7。

表 4.7　卡山自然保护区鸟类分布型表

分布型	种数	种比例 / %
古北型	34	27.4
全北型	24	19.4
中亚型	19	15.3
东北型	3	2.4
高地型	1	0.8
不易归类的分布类型	43	34.7
合计	124	/

3. 数　量

2016 年 5 月 17—30 日，在卡山自然保护区进行鸟类调查共 12 天，样线长度共计 750 千米，记录样线两侧 100 米范围内的鸟类种类、数量、生境类型。根据调查遇见率、生境范围等显示，目前保护区内的鸟类可以分为优势种、常见种、偶见种、稀有种 4 个数量级别。

（1）优势种：包括毛腿沙鸡、蒙古沙雀、沙鵰、亚洲短趾百灵等种类。毛腿沙鸡为保护区内繁殖鸟，在整个保护区内均有分布，且在保护区南部砾石河床分布较多，种群密度约为 1 只 / 平方千米，数量为 7500 ～ 1200 只。蒙古沙雀成群（10 ～ 100 只）分布于保护区各地，且聚集分布于各个水源地附近，水源地附近平均的种群数量为 87 只。根据调查记录及保护区内水源地分布，估计种群数量约为 2540 ～ 4100 只。沙鵰广泛分布于戈壁草原、荒漠草原中，估计种群密度为 0.45 只 / 平方千米，数量为 1960 ～ 3750 只。亚洲短趾百灵分布于保护区内有矮灌丛植被附近，种群数量约为 1720 ～ 3260 只。

（2）常见种：包括棕尾鵟、草原雕、秃鹫、荒漠伯劳、金眶鸻、凤头麦鸡等种类。猛禽主要分布在荒漠草原地区，且猛禽分布区鼠洞较多。荒漠伯劳分布于水源地附近，植被类型以红柳、梭梭为主。金眶鸻等水鸟均出现于水源地，荒漠生境内一般没有分布。

（3）偶见种：包括金雕、大鵟、燕隼（*Falco subbuteo*）、青脚鹬、黑翅长脚鹬等种类。

（4）稀有种：包括胡兀鹫（*Gypaetus barbatus*）、大鸨、波斑鸨等种类。

4. 分　布

在卡山自然保护区中，蒙古沙雀、毛腿沙鸡、亚洲短趾百灵、沙鵰等鸟类分布较为广泛，保护区各地均可见。除了以上广泛分布的鸟类，在不同生境类型当中分布的鸟类主要有以下类型：

（1）荒漠草原：在荒漠草原区域，因为食物来源比较充足（主要为小型啮齿类及蜥蜴），猛禽为主要分布种类，包括草原雕、棕尾鵟、红隼（*Falco tinnunculus*）、荒漠伯劳等，同时还分布有大鸨、波斑鸨等多种珍稀鸟类，其他数量较多的鸟类包括云雀、漠鵰（*Oenanthe deserti*）等。

（2）水源地：包括沙漠中的绿洲及水洼等是鸟类重要的栖息地，为迁徙中的鸟类提供重要的休憩场所，赤麻鸭、金眶鸻、凤头麦鸡、黑翅长脚鹬等数量较多，此外黑浮鸥、青脚鹬、反嘴鹬（*Recurvirostra avosetta*）等也会在水源地停留。在降水稀少的时期，其他鸟类也会聚集在水源地周围。

（3）人类居住区：在人类活动区域附近，分布的鸟类主要有黑鸢（*Milvus migrans*）、纵纹腹小鸮、家麻雀（*Passer domesticus*）、巨嘴沙雀（*Bucanetes obsoleta*）等种类。

5. 资源评价

卡山自然保护区属干旱、半干旱荒漠生境类型，鸟类种数相对较少。其中猛禽有25种，占鸟类总数的20.16%，相比于其他生境类型，卡山自然保护区内猛禽在鸟类中占有比例较高，且数量较多，猛禽捕食鼠类，对维持荒漠生态系统平衡有重要作用；除蒙古沙雀、沙鵰、亚洲短趾百灵等小型鸟类在保护区内繁殖育雏外，还有数千只的毛腿沙鸡在此繁殖；保护区内的水源地为迁徙中的鸟类提供重要的补给、休憩场所。综合以上三点，卡山自然保护区在鸟类资源保护方面起到非常重要的作用。

4.2.3　爬行纲

1. 物种组成

根据实地科学考察，综合文献资料，卡山自然保护区共有爬行动物23种（图4.7、图4.8），分别隶属于有鳞目（Squamata），蜥蜴亚目（Lacerti1ia）的鬣蜥科（Agamidae）2属5种、壁虎科（Gekkonidae）2属2种、蜥蜴科（Lacertidae）1属6种和蛇亚目（Serpentes）的蚺科（Boidae）1属2种、游蛇科（Colubridae）3属5种、蝰科（Viperidae）2属3种。其中列入国家重点保护野生动物的有二级4种，详见附录内两栖、爬行类野生动物名录。

图 4.7　卡山自然保护区内的沙蜥

图 4.8　卡山自然保护区内的花条蛇

2. 区系组成

新疆爬行类在动物地理区划上，分属古北界，欧洲—西伯利亚的阿尔泰—萨彦岭区；中亚分界的哈萨克斯坦区，蒙新区和青藏区，动物区系组成复杂。在卡山自然保护区中，爬行类均为古北界种类。

根据《中国动物地理》（张荣祖，2011）中的动物分布型划分，本区域的爬行类可以划分为以下 2 种主要类型：

（1）古北型：如捷蜥蜴（*Lacerta agilis*）、白条锦蛇（*Elaphe dione*）、黄脊游蛇（*Orientocoluber spinalis*）、极北蝰（*Vipera berus*）、阿拉善蝮（*Gloydius cognatus*）等。

（2）中亚型：如旱地沙蜥（*Phrynocephalus helioscopus*）、奇台沙蜥（*Phrynoce-phalus grumgrizimaloi*）、变色沙蜥（*Phrynocephalus versicolor*）、西域沙虎（*Teratoscincus przewalskii*）、快步麻蜥（*Eremias velox*）、荒漠麻蜥（*Eremias przewalskii*）、红沙蟒（*Eryx miliaris*）、东方沙蟒（*Eryx tataricus*）等。

3. 主要爬行动物生物学特征

（1）新疆拟岩蜥（*Paralaudakia stoliczkana*）

头号三角形，鼻孔占鼻鳞 1/2 ～ 1/3，眼上鳞小，眉鳞 14 枚，上唇鳞 15 枚，吻鳞高为宽的 1/2；体侧鳞甚小，体侧鳞小于背鳞，有分散的白色鳞丛排成横纹，尾鳞呈环状，鳞片几乎相等，上具棘棱，约为背部最大鳞的两倍长，肢长有覆瓦形状排列的鳞，雄性成体具肛前斑，由 7 ～ 8 行角质鳞形成两个三角形斑，雌性及幼体无此斑，半阴茎位于 1 ～ 4 尾椎下。在尾上有褐色环或褐色点。

新疆拟岩蜥一般生活在绿洲边缘地段、河岸阶地及胡杨林中。

新疆拟岩蜥为新疆特有种，主要分布在塔里木盆地，准噶尔盆地亦有少量分布。

（2）旱地沙蜥（*Phrynocephalus helioscopus*）

体短背宽，颈部具有横形皮褶；背面和尾鳞之间朵有突出的锥状鳞丛；腹鳞光滑无棱，后肢第 4 趾的两侧饰有发达的栉状缘。体色斑纹变异较大，背面灰色或灰褐色而带有横斑，颈背部有 2 个椭圆形红斑，四周镶以蓝芭边缘；腹面白色而颏下带有网状斑纹；尾下浅蓝色，雄蜥尾端红色。幼蜥在孵出初期并无十分明显的锥状鳞丛及颈斑和尾色。

多栖于干旱、戈壁砾石地带，温暖时出洞活动，主要捕食昆虫。刮风下雨则很少见。冬季在越冬洞道内冬眠，来年开春后开始苏醒，繁殖期间雄蜥常强行与雌蜥交尾；卵生，卵椭圆形，乳白色，卵数 2 ～ 5 枚。

我国仅分布于准噶尔盆地西北、北部及东南部。垂直分布高度 640 ～ 1300 米。

（3）奇台沙蜥（*Phrynocephalus grumgrizimaloi*）

体背腹扁平；无喉囊；有喉褶，背鳞大小一致。鼻间鳞约 4 ～ 5 枚，口角耳朵状皮褶，成体长一般 140 毫米，颈背无橘红色斑，尾长小于头体长的 1.5 倍；鼻孔间距较大，其宽度大于鼻也至眶前褶长度的一半；体背鳞片具棱，尾后部腹面黑色，向前呈黑横纹；背鳞棱零星而弱，背面有 4 裂镶白边的褶色纵纹或满布歪规则的细碎纹。每侧上颌齿 26 枚。

主要栖息于以白梭梭、沙拐枣为主的灌木砂质荒漠。每天早晚有两次活动高峰，警戒性较高。主要以昆虫等食物为食，兼食少量植物嫩叶。夏季洞穴较浅，冬季洞穴较深，进入冬眠后直至翌年 4—5 月出蛰，6—7 月份为交配季节，一般都以雄蜥追逐雌蜥的方式强行交尾。卵生，怀卵数 2 ～ 4 枚，卵圆形或椭圆形，革质而薄，色泽淡黄。

奇台沙蜥为新疆特有种，分布在准噶尔盆地东北和东南缘常见于奇台、木垒、乌鲁木齐、精河等地。

（4）变色沙蜥（*Phrynocephalus versicolor*）

体笨重，腿短，尾短或中等大小，头部两颊区肿胀，明显或不明显的同躯干分开，头顶覆有大小相同的大鳞，眶上鳞比它略小或彼此相连没有明显分开。从中顶骨至鼻鳞间有鳞 9 ～ 13 枚，少数有鳞 14 ～ 15 枚，四肢上部鳞光滑，背纹没有对称排列的黑点；四肢及尾背有明显的深色横纹和红色腋斑，背鳞光滑，胸鳞仅有不明显的弱棱，尾尖下方黑色。雄体下唇鳞之间的颏下部满布黑色小点，雌体颏下黑色小点不显。

主要生活于荒漠沙质地带，筑洞于稀疏的灌丛或草下较结实的沙丘上。洞口半月形，大多朝南，越冬洞深达 50 厘米，在沙地上奔跑迅速。对外界温度变化较敏感，天气炎热时活动较少。主要以昆虫为食，也食少量植物嫩叶。繁殖期始于 4—5 月中旬，卵生，6—7 月产卵，一般 2 ～ 4 枚，最多 6 枚，一年繁殖一次，卵长圆形，革质而薄，色洁白。

主要分布于若羌、吐鲁番等地，准噶尔盆地亦有分布。

（5）隐耳漠虎（*Alsophylax pipiens*）

又名西域漠虎。鼻几乎是眼直径的两倍，也几乎等于眶后缘和耳孔后缘之间的距离，雌性前伸的前肢可达前眼角，雄体更长些。后肢雌体远不能达到前肢的根部、雄体几乎可达到肢窝。头背上覆有圆凸鳞，最大鳞位于鼻上，最小鳞在枕部和颞区，促仍大于背鳞。吻鳞宽大于高，在上部分开，形状像球面三角形。无鼓膜。鼻孔在吻鳞即第 1 枚上唇鳞和两枚肪鼻甲之间，上唇鳞 8 枚，下唇鳞 6 枚，颏大呈五角形，其后的每边有 2 ～ 3 枚下唇鳞，背部覆瓦状。在小鳞间大的是隆线鳞排在背部 10 ～ 21 纵行里，在肢上有小而覆瓦状的鳞。此外，躯干上或少地有分开的节点，尾数以数环状分布而不是一排上，腹鳞平而覆瓦状排列为 16 ～ 20 纵行。雄性有 5 ～ 6 个肛孔。背部呈浅黄棕色，宽棕色纵条纹从上唇开始一直从侧面延伸到鼻部通过眼睛到背部。在尾前部有 2 ～ 3 条深棕色线，后部为无规则状的黄白色。体长约为 80 毫米。

生活在荒漠草原及沙漠灌丛地带，尤其在芦苇和胡杨林内活动较为常见，以昆虫为食，也食少量植物嫩叶。

主要分布在塔里木盆地周围的尉犁、叶城、和田、罗布泊、于田等地，准噶尔盆地亦有分布。

（6）西域沙虎（*Teratoscincus przewalskii*）

头长超过它最大宽度的 1/4 ～ 1/3，超过它最大高度的 2 倍，鼻长小于眼纵直径的两倍，眼到耳孔后铁的距离几乎等于鼻长度。头上部、颞部（后颊）、枕部和部分鼻子的两边由少数颗粒状鳞覆盖，在鼻尖上渐变大，鼻孔鳞和眼之前纵排有鳞 17 ～ 20 枚，隆起的鳞呈平行四边形，背部有刻痕，鼻孔在隆起的鳞或 3 块鼻鳞之间；上唇鳞 9 ～ 10 枚，下唇鳞 10 ～ 11 枚，颏鳞宽等于隆起鳞的宽，颏的两边分别有鳞 3 ～ 5 枚，躯干由大而圆的鳞覆盖，尾背由“指甲盖”形大鳞覆盖、并侧向延展、通常 11 ～ 14 枚，有时也有 9 ～ 15 枚。背呈黄色或灰绿，侧面呈棕色，背有 6 条不规则宽的棕色横纹，2 条分布在尾上，两边附有暗点，枕部有几个暗斑和两条浅棕色条纹，腹部呈棕色或黄色，体长 130 ～ 140 毫米。

生活在荒漠戈壁及绿洲边缘沙漠地带，以昆虫为食，兼食少量嫩叶。

分布于塔里木盆地南部及哈密等地，准噶尔盆地亦有分布。

（7）捷蜥蜴（*Lacerta agilis*）

小型蜥蜴，体细长，头尖，略呈三角形，尾长约为头体长 1.5 倍。长度 18 ～ 20 厘米，重 12 克左右。体背、腹面有浅色条纹，捷蜥蜴雄性成体背部为黑褐色，体侧为亮绿色，在繁殖期颜色会更鲜艳。雌性成体为淡褐色，分布有黑白的斑点。幼体的颜色与成体接近，只是较为黯淡。捷蜥偶尔会出现红背或蓝身的个体。在繁殖季节，雄性之间会有争斗。主要以昆虫为食。捷蜥蜴 3—5 月开始繁殖，每次产卵 4 ～ 14 颗，根据温度的不同，一般会在 6 月左右孵化，刚孵化幼体体长 4 ～ 5 厘米。

分布于欧洲和亚洲，东至蒙古，西到英国南部，在伊比利亚半岛和欧洲土耳其则没有分布，我国分布于新疆。

（8）快步麻蜥（*Eremias velox*）

体单薄，鼻鳞扁平，鼻低，常与鼻孔、第 2 和第 3 上唇鳞相连，第 2 唇鳞的上缘不与鼻鳞前缘相连。前额鳞 2 枚，在其之间还有附加的小前额鳞。额鳞的前半部有浅槽，2 个大颞窝前后都有一小鳞片，有时变成很多小瘤，眶上鳞与额鳞相连，有时一些小瘤分布其间，顶间鳞小，无后头鳞；鼓鳞一般明显；眼下鳞与嘴边相连，常位于第 6、第 7 枚上唇鳞之间；3 或 4 对下颚鳞彼此相连，背鳞具突起圆且平滑；体中部一周有鳞 50 ～ 65 枚。肛鳞小且于不规则，两边各有 15 ～ 24 个股窝。雄体的后腿能抵达颈或颈与耳之间的空间，而雌体不能。尾是头体长的 1.5 ～ 2 倍；尾上鳞突起，尾下鳞平滑。

体为灰色，褐色或深褐色；幼体背部有纵的白色条纹，成体有纵向排列胩带有深色斑点的行或由此断裂而成的短线，体两侧有纵向排列淡线或白色的“眼”，体两侧下部为黄色。繁殖期内雄蜥在腹部和尾下呈现橘红色。体长 197 毫米左右。

主要栖息在黏土草原，藏身于裂缝中，有时也栖息于红柳灌木根部固定沙地。奔跑迅速，难以捕捉，受惊时躲入鼠洞。喜在较平坦的沙质土地掘洞，洞口常在红柳等灌木根部。主要以昆虫为食。卵生，卵为淡黄色椭圆形，6—7 月为产卵期，7 月底 8 月初幼蜥大量孵出。

主要分布在天山南北，是荒漠地带的代表性麻蜥之一，垂直分布可上升到海拔 1500 米左右，数量仅次于密点麻蜥。

（9）荒漠麻蜥（*Eremias prxewalskii*）

体宽并扁平，鼻鳞有些鼓胀，上鼻鳞与第 1 枚上唇鳞相连，下鼻鳞合并与 2 或 3 枚第 1 上唇鳞相连，第 2 枚上唇鳞的上缘通常不能达到鼻孔前缘的顶鳞，吻鳞的最大宽度通常小于它的低缘中间到鼻孔之间的距离。额鼻鳞不与吻鳞相连，在前额的前部有弱槽，并与大的眼眶鳞相连，第 1 枚上眶鳞和颊鳞之间的距离小于此上眶鳞的长度，顶不鳞小没有后头鳞。鼓膜清晰楞见，耳开时边不呈锯齿状，下眼眶鳞通常不与嘴边相连。3 或 4 对前下唇鳞相互连接，外咽褶清晰显出，在喉中线上从领到第三对下唇鳞有鳞 30 ～ 41 枚，背鳞颗粒状呈卵圆形，完全光滑；绕体中部一周有鳞 60 ～ 65 枚，腹鳞形成斜纵排和横纵排，在中线处轻微相遇。泄殖腔前有一些大小不等不规则的鳞。尾脊上覆盖着一些带有盾脊的鳞，尾下鳞光滑，尾比头体长 1 ～ 1.5 倍，后肢可达肩窝，后肢呈长等于前肢根部到眼的中点或者后缘之间的距离，背呈棕共同色或灰黄色，并杂有蓝黑色宽阔横斑和网状图案或带有纵条纹，底边呈白色或黄色，雄蜥体侧有橘红色彩。成体长约 220 毫米。

主要生活在干旱荒漠草原和沙漠地带，以昆虫和一些植物嫩叶为食，卵生。受惊时奔跑迅速。常躲入灌丛下，待周围安静时才爬出。

分布于东和南疆地区。

（10）密点麻蜥（*Eremias multiocellata*）

体躯较大，前眼上鳞较长，鼻鳞不鼓胀，下鼻全，不与吻鳞相连，也不和 3 枚前上唇鳞相连，吻鳞不与额鼻鳞相连，上鼻鳞相连于第 1 枚上唇鳞，第 2 枚上唇鳞的上缘达不到鼻孔前缘的顶鳞。前额鳞两枚，有时只有 1 枚上眶鳞，额鳞上的槽不显，两枚大的上眶鳞位于其他小鳞后面，在额鳞和上眶鳞之间没有颗粒；顶尖鳞较小没有后头鳞。鼓膜清晰可见，耳开时其边显锯齿状。

下眼眶与嘴边相连，其位置在第 6、第 7 枚上唇鳞之间，3 对前下唇鳞相互联结，背鳞有颗粒状疣鳞间杂，腹鳞近方形。每侧股窝 10 ～ 14 枚，尾长是头体长 1.5 倍，后肢达到臂窝。背部呈灰橄榄色，体侧带有点斑或带黑缘的白色圆斑。成体长约 170 ～ 180 毫米。

该蜥为典型的荒漠草原蜥种，也是唯一营卵胎生繁殖的麻蜥，主要生活在荒漠草原和荒漠、半荒漠沙地灌木丛中。奔跑速度快而机敏，难以捕捉，受惊后窜入鼠洞或河木丛中躲避。主要以昆虫为食，卵为圆形淡黄色。该蜥是麻蜥属中分布最广的种，全疆均有分布。

密点麻蜥共有 3 个亚种，新疆分布 2 个亚种。

① 莎车亚种（*E. m. yakandenis*）：尾较长，眶下鳞常入上唇鳞之间。分布在天山南部地区。

② 指名亚种（*E. m. multiocellata*）：体粗壮，颊部较膨大，背上有鲜蓝色短纹，腋侧有带黑缘的绿色圆斑，分布在天山北部地区。

（11）丽斑麻蜥（*Eremias argus*）

丽斑麻蜥体型圆长而略平扁，尾圆长，头体 46 ～ 56 毫米，尾长 49 ～ 64 毫米。头略扁平而宽，前端稍圆钝。吻鳞五角形，邻接第一上唇鳞与上鼻鳞；外鼻孔不接唇缘，在 3 枚鼻鳞间；上鼻鳞大于下鼻鳞与后鼻鳞的总和，左右两片在吻鳞后相接；下鼻鳞狭长，下接第 1、第 2 唇片；后鼻鳞小，下接下鼻鳞，后接前颊鳞与上颊鳞；额鼻鳞成对，近 X 角形，紧接上鼻鳞之后，后缘斜接前额鳞，正接前额鳞前中央，外缘接上颊鳞；前额鳞成对，紧接额鼻鳞之后，内缘有 1 枚小的中央前额鳞间隔左右 2 鳞；额顶鳞成对，内缘在中线相接；顶鳞最大；顶间鳞盾形，略小；枕鳞不发达；颊鳞 3 枚；上睫鳞 7 枚，眶下鳞 3 枚

丽斑麻蜥背鳞细小颗粒状，背中段鳞约 50 ～ 61 枚，成一横列。腹鳞矩形平扁，斜向中央，12 ～ 15 枚成一横列，不成纵行。泄殖肛孔横裂；肛前鳞 1 横列，中央 4 枚较大。有股窝 9 ～ 12 枚。指、趾腹面鳞片起棱，末端具爪。背棕灰黑灰等色，头顶棕灰，头颈侧有黑镶黄色长纹 3 条。从两顶鳞后外缘开始向后有 2 条浅黄色纵纹直达尾的 1/5 处；从两侧上唇鳞后端经耳孔、体侧到尾基部各具 1 条纵纹。背及体侧具有几乎纵行对称的眼状斑，中心近黄色或乳白色，周围棕黑色。腹部乳白色，四肢与尾部的腹面乳黄色。栖息于平原、丘陵、草原、低山和农区等各种环境，喜选择温暖、干燥、阳光充足的沙土环境。

分布于黑龙江、吉林、辽宁、内蒙古、山西、河北、河南、山东、陕西、甘肃、青海、新疆、江苏、浙江等地。国外分布于朝鲜、蒙古、俄罗斯。

（12）敏麻蜥（*Eremias arguta*）

体尾粗短。前眶上鳞小于后眶上鳞，额鼻鳞单枚，颏片相接处至领敏麻蜥敏麻蜥围的一纵列鳞 26 ～ 33 枚。背部因亚种不同而有不规则的纵列白斑或黑色横斑。

生活于新疆天山北部山地的羽茅、灰蒿荒漠草原，也栖息在喀敏麻蜥敏麻蜥什谷地的丘陵阳坡。通常在坡下挖洞而居，也在干河床的砾石堆下栖息。

分布于蒙古、俄罗斯、哈萨克斯坦、吉尔吉斯斯坦、乌兹别克斯坦、阿塞拜疆、乌克兰、摩尔达维亚、亚美尼亚、罗马尼亚、土耳其、伊朗以及我国新疆等地，多生活于新疆天山山地的羽茅、灰蒿荒漠草原以及栖息在喀什谷地的丘陵阳坡。

（13）虫纹麻蜥（*Eremias vermiculata*）

体修长，尾长超过头体长的 2 倍。吻尖，有 1 枚大吻鳞，鼻鳞 3 枚，鼻上鳞与鼻

后鳞同接额鼻鳞的前缘；鼻下鳞位于前面两枚上唇鳞的上方；但不与吻鳞相接；眶下鳞3枚，中间1枚最大，且插入上唇鳞第5与第6枚之间，接近口缘。眶上鳞2枚，由粒鳞包围；与额鼻鳞和额顶鳞分隔开；后眶上鳞之后有较小的第3眶上鳞；额鼻鳞1枚；前额鳞2枚，内侧相连，前缘斜接单枚额鼻鳞；额鳞单枚；额顶鳞2枚；顶鳞2枚；顶间鳞单枚，前接2枚额顶鳞后缘，后缘像箭头一样插入2枚顶鳞相接前缘；无枕鳞；颊鳞2枚。背部被平滑的粒鳞；腹鳞正方形或近似长方形，指、趾长顺序为4-3-2-5-1；爪细尖，灰白色；股孔列未达膝盖，相距2～4枚鳞片；尾部鳞片棱状，光滑；有的鳞片有轻微凸起，呈环状排列；背面灰黑黄色，头部以及背部两侧具黑色小点，有的似虫纹状，有的看似连成细网状，背正中可见黑色纵纹，一直延伸到尾基部；四肢背面具黑缘圆白斑，腹面均为白色。

虫纹麻蜥在我国的分布东起内蒙古西部阿拉善沙漠，经河西走廊西部、哈密而延伸至新疆天山山脉南部地区。

（14）红沙蟒（*Eryx miliaris*）

又名“土棍子”，体形粗短似棒，头颈区分不明显，尾端钝圆。头背都是小鳞片，眼周围有小鳞11～12枚，两眼之间一横排有小鳞6～9枚（包括眼上鳞）；上唇鳞10～12枚；颏片到第1片腹鳞之间一纵行有小鳞，背鳞较小有50行；腹鳞175～188枚；尾下鳞20～29枚，个别标本的一部分尾下鳞成对；肛鳞完整，全长418毫米+34毫米。背面土褐色，有两行略呈方形的黑斑，交错排列；体侧亦有1～2行黑色点斑；腹面土黄色，密布居于沙土中10厘米以下。鼻昏及夜间活动，昼潜伏在沙砾或鼠洞中，能自由地在沙面下移动，捕食一些小型爬行类及啮齿动物，食物短缺时可几天不取食，生殖或为卵胎生，6—7月间产仔10条左右。

据记载分布地为南北疆沙漠边缘地带。

（15）东方沙蟒（*Eryx tataricus*）

头小，吻端钝圆，颈不明显，尾短先端亦成圆柱状；体被细鳞，腹鳞较小，和尾下鳞同为单列，肛侧具后肢残余爪状鳞，尤以雄性更显。两眼侧上位，瞳孔垂直，鼻间后鳞2～3枚，眼间距约等于眼后缘至嘴角距，第3上唇鳞较第2枚高。体中段背鳞多于41。以眼位、鼻间后鳞数之差异易与眼上位、鼻间后鳞4枚以上之相近种（红沙蟒）相区别。体长400～700毫米。

生态习性、生境与红沙蟒相似。

分布于南北疆和东疆沙漠边缘地带。据最初记载主要分布在苏联中亚地区，如哈萨克斯坦、乌兹别克、土库曼斯坦、塔吉克和蒙古、伊朗、阿富汗等地，亦曾提到该种的指名亚种（*E. t. tataricus*）在我国西部、准噶尔盆地和喀什有分布。

亚种分布：分布在新疆的东方沙蟒可划分为两个亚种（周永恒等，1986）。即指名亚种（*E. t. tataricus*）和新疆亚种（*E. tataricus xinjiang*）。前者主要分布在准噶尔盆地，后者主要分布在吐鲁番盆地。

（16）花条蛇（*Psammophis lineolatus*）

上唇鳞 9，3—3—3 式；眼前鳞 1 枚，眼后鳞 2（3）；颞鳞 2+3（2)，颊鳞 1 枚。下唇 10 枚，前 5 枚切前颔片；背鳞平滑，17—17—13 行；腹鳞 174 ～ 206 枚；尾下鳞 72 ～ 107 对；肛鳞两分。体全长 770 毫米 +280 毫米。背面灰褐色，具 4 条黑褐色纵线纹；腹面黄白色。

主要栖息于荒漠、半荒漠草原干旱地带，其爬行速度 30 秒可行进 9 米，常隐蔽于洞穴或草丛中，以沙蜥或麻蜥为食。卵生，卵径约 36 毫米 + 9.5 毫米。

新疆均有分布，主要分布于准噶尔与塔里木两大盆地边缘，但北疆以奇台、尼勒克、新源等地较常见。

（17）东方蝰（*Vipera renardi*）

本种和极北蝰相近似，与后者的主要区别是：本种吻略窄，吻鳞上缘与一处小鳞（端鳞）相切，头背面除额鳞、顶鳞与眶上鳞为大鳞外，其余均为平滑小鳞。鼻孔较小，位于鼻鳞下半部。背鳞 19（21）—19（21）—17 行，最外行平滑或微棱，其余均起明显棱；腹鳞雄性 133—145，雌性 130—144；尾下鳞双行或部分单行，雄性 289 毫米 +33 毫米，雌性 27 ～ 30 对；肛鳞完整。雄性全长 347 毫米 +51 毫米。雌性 289 毫米 +33 毫米。色斑基本近似极北蝰。背面灰褐，背脊正中有一行黑褐色锯齿状纵纹；最外行背鳞与腹鳞外侧有由暗褐斑点缀成的纵纹 2 ～ 3 行；腹面黑褐，散以小白点，或带白色，散以黑色小圆点。

生活于草原、疏林地、芦苇丛，也见于高达 3000 米的山区。尤其在地形较开阔的干草原，蝗虫多、鼠洞亦多，蒿属牧草茂密的环境中较多见。夜间活动，白天隐蔽于洞穴、石缝中。夏季炎热时 10 : 00 以前 16 : 00 以后活动频繁，阴暗天气白天也出来活动。春季主要吃蜥蜴，夏季吃蝗虫，偶尔也食小啮齿动物，幼蛇吃蜥蜴。每年 3 月底 4 月初出蛰，10 月底或 11 月进入冬眠，常集聚若干条蛰居于啮齿动物洞穴或其他隙缝中，卵胎生，产 1 ～ 6 仔，最多可产 17 仔。

国内目前仅见于新疆尼勒克、新源、巴音布鲁克、塔城、阿勒泰等地。因主食蝗虫，蛇毒可利用等，对人类有一定益处，但须防止咬伤人和家畜。

（18）极北蝰（*Vipera berus*）

头略呈三角形，吻端钝圆，颈明显。头背面仅额鳞、顶鳞和眶上鳞为较大鳞片。头背上述大鳞的前方共有 12 枚小鳞，其中在吻端与吻鳞相接的端鳞是 2 枚，其两侧各有 2 枚小鳞，它们在头背前部边缘围成半圆形，均为白色；其内另有小鳞 6 枚，色黑。额鳞与眶上鳞仅在前端相接，和顶鳞三者之间在左侧间隔 3 枚小鳞，右侧间隔 2 枚小鳞。左右顶鳞在中线相接，额鳞后端楔入两顶鳞之间。吻鳞略呈三角形，下缘有缺凹，高略小于宽。鼻孔较大，位于鼻鳞中央，略呈圆形，开口向外上方。鼻鳞左侧为完整的 1 枚，其上方有鳞沟；右侧为 2 枚，其中 1 枚较小。鼻鳞和吻鳞间隔 1 枚窄长鳞片。眼中等大小，瞳孔直立纺锤形。颊鳞左 4 枚、右 3 枚，左侧仅最上 1 枚后伸入眼眶；右侧上 2 枚均后伸入眼眶。上唇鳞两侧均为 9 枚，左侧第 4、第 5 枚位于眼眶正下方，右侧仅第 4 枚位于眼眶正下方，前 6 枚上唇鳞后缘有黑斑，后 3 枚灰白色而下缘略有灰色。颏鳞倒三角形，靠口缘的底边较宽而远大于其高。下唇鳞左侧 10 枚，前 4 枚接颔片；右侧 11 枚（其中第 9、第 10 枚在近口缘上半愈合为一），前 5 枚接颔片；下唇鳞色黑而有白斑，第 1 对下唇鳞在颏鳞后相切较多。颔片 1 对，为头部腹面最大鳞片，其后尚有 4 对呈对称排列的小鳞和两片较宽的鳞片，再过渡到第 1 枚腹鳞。背鳞 23-21-17 行；前段、中段除两侧最外一行背鳞平滑外，其余背鳞均起棱。腹鳞 145 枚；肛鳞完整；尾下鳞 42/42+1。生活时，头背面前部外缘小鳞灰白色，其内小鳞色黑。额鳞上有倒葫芦状黑斑，边缘为灰白色，眶上鳞中央为黑斑，眶上鳞后有“> <”黑斑向后延伸；至枕部后弯向两侧，然后沿体侧继续向后延伸至第 9 腹鳞水平。眼后向头背有一短黑斑，止于“> <”黑斑的凹陷处，形似眉梢；在其下，有一黑色较宽且长的纵纹由眼前经过眼下部直达颌角。头腹面几乎为灰白色，其上缀有零星黑斑。体背面灰白色，沿背脊有一黑色波纹状纵带，或局部断续成一行不规则的椭圆形斑，纵带纹两侧各有一行黑色小斑，斑点略大于一枚背鳞范围；两侧最外行的背鳞上有较小而不甚规则的黑斑。腹面黑色，每一腹鳞两侧各有 1 个灰白色小斑点；尾末端为黄色。

极北蝰在我国分布于吉林和新疆。国外分布于欧洲各国。

（19）阿拉善蝮（*Gloydius cognatus*）

头略呈三角形，颈部明显。鼻间鳞较阔，外侧缘较尖细；上唇鳞 7（8，6），2—1—4 或 2—1—3 式；眼前鳞 2 枚，下枚构成颊窝上后缘；眼后鳞 2 枚，下枚窄长，新月形，在眶下几乎与下枚眶前鳞相接；颞鳞 2（1）+4（3）。下唇 11（10），很少为 12。背鳞中段除最外 1（2）行平滑外，其余均具棱，腹鳞雄性 157 ～ 169，雌性 158 ～ 178；尾下鳞雄性 40 ～ 53 对，雌性 41 ～ 45 对；肛鳞完整。雄性体全长 500 毫米 +90 毫米，雌性 530 毫米 + 70 毫米。色斑变化较大，背部颜色常为土黄色，有若干宽横斑，每个斑可看出是由左右 2 个圆斑合并形成，通达尾末端。腹部灰黑色，有许多不规则的黑白小点，眼后具黄褐色条斑，黑条斑上方镶着黄白色细条纹，称“白眉”且较细窄；颌部密布黑褐色细点，下唇缘呈白色圆齿状纹。

栖息于地形起伏较大，海拔 900 ～ 1650 米的低山带，多在岩石空隙、牧草较茂、灌木丛生处。在夏季蛇类活动其内，炎热天早晚活动较活跃，中午一般隐蔽休息。10 月下旬开始进入冬眠，耐寒力较强，但入冬后有地仍可见到有其出来活动，但数量极少，活动缓慢。主要以蜥蜴、蛙类及鼠类为食。卵胎生，每产 2 ～ 10 仔，初产仔蛇体长 140 ～ 170 毫米，产仔期 8—9 月，在 5—7 月见到交配。

分布于天山南北坡，但以天山北坡及托里、裕民、木垒等地较多见。

（20）白条锦蛇（*Elaphe dione*）

白条锦蛇头略呈椭圆形，体尾较细长，全长 1 米左右。吻鳞略呈五边形，宽大于高，从背面可见其上缘：鼻间鳞成对，宽大于长，其和工只及前额鳞的一半；前额鳞一对近方形；额鳞单枚成盾形，瓣缘略宽于后缘，长度于其与吻端的距离；顶鳞一对，较额鳞要长。鼻孔大，呈贺形，开口于大小几相等的前后鼻鳞间；颊鳞 1 枚，长大于高；眶前鳞 2 枚，少数为 1 枚或 3 枚，不与额鳞相切；眶上鳞 1 枚；眶后鳞 2 枚；颞鳞

2～3枚。上唇鳞8（3-2-3）枚，第7枚最大；下唇鳞10～11对，第一对在颏鳞后方相切，前5对切前颏片。背鳞在多为25行，少数23行；中段25行，少数23，个别27行；肛前段19行，个别白条锦蛇17行；整个背鳞有9行具弱棱。腹鳞性173～193枚，雌性177～189枚；尾下鳞性63～69对，雄性54～60对。肛鳞对分。背面苍灰、灰棕或棕黄色。头顶有黑褐色斑纹3条，最前一条较细或不明显，横过鼻间鳞经颊鳞、眶前鳞达眼；第2条弱宽，横越前额鳞斜向后经眶前鳞上角至眼与前一条相会合，眼为粗大黑纹斜达口角；第3条最宽，横于额鳞分别沿左右眶上鳞、顶鳞外半后行至枕后，呈“钟形”两侧联结，即成一特殊的枕纹。头顶诸斑纹在幼蛇时尤为显著。躯尾背面具3条浅色纵纹；正背中1条窄而模糊，常被黑斑（宽约1～2枚鳞列）隔断，两侧的2条较宽。腹鳞及尾下鳞两外侧斑点粗大，且断续缀连如链；有的个体腹两侧尚散有棕红色小斑点。生活习性编辑白条锦蛇生活于平原、丘陵或山区、草原，栖于田野、坟堆、草坡、林区、河边及近旁，也常见于农家、菜园的鸡窝、畜圈附近，有时为捕食鼠类进入老土房。晴天的白天和傍晚都出来活动。北方地区10月上旬开始入蛰，次年4月下旬出蛰。主要捕食壁虎、蜥蜴、鼠类、小鸟和鸟卵。幼体亦吞食昆虫。生长繁殖方式为卵生，于7—8月产卵于深穴或石缝内，每次产卵10（6～15）个左右，卵壳柔韧，乳白色，卵每枚约28～45毫米 ×15～25毫米。

分布于北京、黑龙江、吉林、辽宁、河北、山东、山西、江苏、安徽、上海、河南、湖北、陕西、宁夏、甘肃、青海、四川、新疆等地。

（21）棋斑水游蛇（*Natrix tessellata*）

雌性的棋斑水游蛇体型较雄性大，体长最长可达1～1.3米。棋斑水游蛇的身体颜色多呈灰绿色和褐色，或接近黑色，背部有黑点状的斑纹。腹部有时会呈黄色或橙色一类鲜艳的颜色，加上分布着黑色的斑点，看起来像一粒骰子，因此在西方棋斑水游蛇亦被称为“Dice snake”，即骰子蛇之意。5月会聚集成群体以交配繁殖。7月左右雌蛇会开始产卵，其生产量每次约10～30枚蛇卵。约于9月孵化。10月翌年4月期间，棋斑水游蛇会躲进接近水源而又干爽的洞穴里进行冬眠。棋斑水游蛇常居于近河流、湖畔或芦苇塘等环境，进食鱼类、蛙类。温顺无毒，遇敌时从泄殖腔位置释放异味，有假死习性。

棋斑水游蛇广泛分布于新疆，国外多分布于中东和欧洲。

（22）花脊游蛇（*Hemorrhois ravergieri*）

中型无毒蛇，体长可达1米左右。头部菱形，背面在褐色，中央有1行暗棕色菱形斑或窄横斑，两侧各有1行较小的暗棕色斑，与背斑交错排列，但在尾部连续形成3条纵纹。上唇鳞8枚；眼前鳞2枚；眼后鳞3枚，少数为2枚；颞鳞3枚。腹鳞有侧棱，雄性203枚，雌性216枚；尾下鳞，雄性93对，雌性67对；肛鳞两分。栖息于黏质多石的半沙漠地区、绿洲或村舍附近。捕食小鸟、蜥蜴及小型鼠类。花脊游蛇以小型脊椎动物为食。7月左右产卵，每产5～10枚。

分布于欧亚地区，在中国仅分布于新疆。

4. 分　布

准噶尔盆地北面、西面、南面分别被阿尔泰山、准噶尔西部界山、天山所环绕，整个盆地呈不等变三角形，盆地主要部分在海拔 300 ～ 500 米。盆地东部敞向蒙古外阿尔泰戈壁，西部越阿拉套山口与苏联哈萨克斯坦的阿拉库尔荒漠相接，北部的额尔齐斯河谷为通向前苏联斋桑盆地的门户，因而准噶尔盆地就成为中亚荒漠与蒙古戈壁间动物区系的交替过渡地带。

盆地环形结构较为明显，中央为古尔班通古特沙漠，四周为冲积平原，山前丘陵则为洪积石荒漠。年降雨量 100 ～ 200 毫米，冬季雪被较厚，因而植被发育良好，盖度可达 25% ～ 50%。本地已知爬行动物 16 种，约占新疆总数的 32%。其中奇台沙蜥是卡山自然保护区唯一特有种。种的组成以中亚型占绝对优势。盆地北部和东部主要分布有旱地沙蜥、红沙蟒，南部主要分布的是奇台沙蜥、变色沙蜥和东方沙蟒，同时共栖有密点麻蜥和快步麻蜥。

4.2.4　两栖纲

1. 物种组成

卡山自然保护区地处准噶尔盆地荒漠区，两栖动物相对稀少，区系简单。在保护区只有 1 目 1 科 1 种，为无尾目、蟾蜍科的塔里木蟾蜍（*Bufotes pewzowi*）。

2. 区　系

在《中国动物地理区划》中，塔里木蟾蜍属于古北种，中亚分布型。

3. 主要生物学特性

瞳孔横直，头部无骨质棱，指间无蹼，趾间具蹼，趾端不呈吸盘状；耳后腺发达，鼓膜显著；背部瘰粒大而密，背面花斑显著；雄性有声囊，第 4 指长，约为第 3 指的 3/4；体色绿或灰，背面有浅色或深色花斑，腹灰白。一般雌体较肥大，后肢较短；雄体较小，前肢第一指上有暗灰色婚垫。平均体长 80 ～ 100 毫米。

通常是昼伏夜出，白天多数潜于水底烂草、石块下，少量在近岸潮湿草丛、泥土中藏身。繁殖期个体集中于产卵地，行体外受精，排卵多在夜间进行，其卵成带状，缠于水中突出物或挺水植物上。卵带无色透明，卵孵化为蝌蚪一般需 6 ～ 7 天。捕食时个体间保持一定距离，捕食地点多为农田、草地，食物多为农业害虫。

4. 分　布

卡山自然保护区中塔里木蟾蜍主要分布在一些固定的水源地附近。

4.2.5　昆　虫

1. 物种组成

本次科考对卡山自然保护区的昆虫资源调查研究表明，共采集鉴定昆虫标本 505 头，隶属于 9 目 47 科 120 种，种类主要以鞘翅目昆虫、直翅目昆虫、鳞翅目昆虫和膜翅目昆虫为主（表 4.8），其种类由多至少分别为鞘翅目（40.99%）、直翅目（21.78%）、半翅目（12.67%）、鳞翅目（10.29%）、蜻蜓目（6.13%）、膜翅目（3.76%）、双翅目（2.18%）、脉翅目（1.19%）、螳螂目（0.99%）。采集方法主要以网扫采集（如膜翅目蜜蜂、鳞翅目蝴蝶、蜻蜓等）和徒手采集为主。

表 4.8　卡山自然保护区昆虫重要类群目、科和种类组成

目	科	种数	采集数量	各目所占比例
蜻蜓目 Odonata（4 科 /6 种）	蜓科 Aeschnidae	1	2	6.13%
	蟌科 Coenagrionidae	1	2	
	丝蟌科 Lestidae	1	23	
	蜻科 Libellulidae	3	4	
螳螂目 Mantodea（1 科 /3 种）	螳螂科 Mantidae	3	5	0.99%
直翅目 Orthoptera（4 科 /17 种）	网翅蝗科 Arcypteridae	3	7	21.78%
	斑翅蝗科 Oedipodidae	10	64	
	斑腿蝗科 Catantopidae	3	23	
	硕螽科 Bradyporidae	1	16	
半翅目 Hemiptera（8 科 /11 种）	黾蝽科 Gerridae	1	13	12.67%
	蝽科 Pentatomidae	4	29	
	缘蝽科 Coreidae	1	1	
	红蝽科 Pyrrhocoridae	1	2	
	长蝽科 Lygaeidae	1	1	
	姬蝽科 Nabidae	1	6	
	叶蝉科 Cicadellidae	1	9	
	蚧总科 Coccoidea	1	3	
鞘翅目 Coleoptera（14 科 /54 种）	象甲科 Curculionidae	7	68	40.99%
	叶甲科 Chrysomelidae	10	23	
	肖叶甲科 Eumolpidae	1	3	
	金龟甲科 Scarabaeidae	6	16	
	拟步甲科 Tenebrionidae	10	30	
	步甲科 Carabidae	5	17	
	天牛科 Cerambcidae	2	3	
	芫菁科 Meloidae	4	26	
	瓢虫科 Coccinellidae	2	3	
	吉丁虫科 Buperestidae	3	7	
	虎甲科 Cicindelidae	1	1	
	水龟虫科 Hydrophilidae	1	1	
	跳甲科	1	6	
	隐翅虫科	1	3	

续表

目	科	种数	采集数量	各目所占比例
脉翅目 Neuroptera（1 科 /2 种）	蚁蛉科 Myrmeleonitidae	2	6	1.19%
双翅目 Diptera（3 科 /3 种）	食虫虻科 Aslidae	1	4	2.18%
	食蚜蝇科 Syrphidae	1	1	
	蜂虻科 Bombyliidae	1	6	
鳞翅 Lepidoptera（4 科 /14 种）	蛱蝶科 Nymphalidae	2	3	10.29%
	灰蝶科 Lycaenidae	1	1	
	粉蝶科 Pieridae	5	35	
	眼蝶科 Satyridae	6	13	
膜翅 Hymenoptera（8 科 /10 种）	蜜蜂科 Apidae	2	9	3.76%
	泥蜂科 Sphecidae	1	1	
	胡蜂科 Vespidae	2	2	
	蚁蜂科 Mutillidae	1	3	
	蚁科 Formicidae	1	1	
	马蜂科 Polistidae	1	1	
	切叶蜂科 Megachilidae	1	1	
	分舌蜂科 Colletidae	1	1	
9 目	47 科	120 种	505	/

2. 区系特征

卡山自然保护区位于新疆维吾尔自治区奇台、吉木萨尔、阜康、富蕴、青河、福海等六县境内，地处新疆北部准噶尔盆地古尔班通古特大沙漠的东缘、乌伦古河以南、北塔山的西部、将军戈壁以北。新疆北部地区的动物地理区划，至今没人专门整理。在郑作新、张荣祖（1959）提出的我国最早的全国动物地理区划中正确地把准噶尔盆地动物区系划归古北界中亚亚界蒙新区的西部荒漠亚区，并指出它同东部草原区系有明显区别，也与天山区系很不相同，把后者单独划为天山山地亚区。同时，根据阿尔泰区系与东北大兴安岭动物区系相似，而把它附在东北亚界东北区的大兴安岭亚区。保护区内昆虫分布主要表现为以下特征：

（1）卡山自然保护区的昆虫区系成分比较简单，主要属于古北界中亚亚界蒙新区的西部荒漠亚区和东北亚界东北区的大兴安岭亚区。

（2）植物灾害性昆虫主要以直翅目的蝗虫为主，如亚洲飞蝗（*Locusta migratoria migratoria*）、八纹束颈蝗（*Sphingonotus octofasciatus*）、红斑翅蝗（*Oedipoda miniata*）、黑条小车蝗（*Oedaleus decorus*）、意大利蝗（*Calliptamus italicus*）和轮纹异痂蝗（*Bryodemella tuberculatum dilutum*）。

（3）保护区属山前荒漠地带，自然条件比较一致，昆虫垂直分布不明显。

本区的昆虫区系组成比较复杂，具有广泛的代表性。其中一部分种类与人类的关

系不十分紧密，种群数量小、活动范围有限，不易成灾为患，经济意义也不大；而另外一些种类则是保护区内植物叶、枝、干、果实和叶子的主要害虫，常给农林业生产造成严重的危害和损失，在今后的自然保护区管理工作中要引起足够的重视。

3. 昆虫资源的保护与利用

（1）药用昆虫

鞘翅目芫菁科昆虫，生产斑蝥素，芫菁维吾尔语称为“阿拉空吾孜”，芫菁科的斑芫菁、豆芫菁、绿芫菁和短翅芫菁因其体内富含斑蝥素而常被列为药用昆虫。芫菁以其干燥全体入药，具有破血消症、攻毒蚀疮、引赤发泡之功能，用于治疗症瘕瘤肿、顽癣、赘疣、破血祛瘀、攻毒、对原发性肝癌亦有一定作用。卡拉麦里芫菁种类有施氏齿角芫菁（*Cerocoma schreberi*）、藏红花斑芫菁（*Mylabris crocata*）、粗糙沟芫菁指名亚种（*Hycleus scabiosae*）和法氏斑芫菁（*Mylabris fabricii*）。

脉翅目蚁蛉被列为药用昆虫。如长腹蚁蛉（*Maeronemurus appendiculatus*）、费氏蚁蛉（*Lopezus fedtschenkoi*），其成虫生活在草丛中，幼虫称“蚁狮”。居于干燥沙地主中，营漏斗状穴，潜伏穴底，待小昆虫坠入而捕食。其新鲜或干燥幼虫全体具有平肝息风、解热镇痛、通窍利水、祛瘀散结、拔毒消肿、通便泻下、截疟杀虫等功效，主治小儿高热惊厥、癫痫、中风等。

鳞翅目菜粉蝶（*Pieris rapae*）又称菜白蝶、白蝴蝶、菜青虫（幼虫），属鳞翅目粉蝶科。成虫体长约 18 毫米，展翅宽约 45 ~ 65 毫米，胸部黑色，雌蝶前翅翅尖有 1 个三角形黑斑，中央外侧有浓黑斑 2 个。雄蝶后翅有 1 个黑斑。以成虫全体入药，药名白粉蝶。性寒、味咸，主治跌打损伤，消肿止痛。

膜翅目蚁科作为药品和滋补品已有 3000 多年的历史，具有滋补强壮、祛风除湿、清热解毒之功效。主治风湿、类风湿关节炎、肺病、身体虚弱等，具有较高的药用价值。

（2）观赏昆虫

观赏昆虫由于其美丽的色彩、特殊的翅形、翩翩的舞姿或优美动听的鸣声而越来越被人们喜爱，它可以将人们引向回归自然、返璞归真、陶冶情操、修身养性的境界。如各种蝴蝶、甲虫等，可进行适当捕捉，制成生物标本，供科研和教学使用，还可在旅游点进行销售，创造一定的经济效益。

在新疆能供观赏的昆虫可分为奇特昆虫和艳丽昆虫两类。鞘翅目中更有许多奇特的昆虫，如金龟甲科中头部似铲，体长达 4 厘米以上的蒂莫联蜣螂，雄虫额上长有一大角的葡萄根柱犀金龟；拟步甲科中的后足远远超过体长，在运动中能将身体抬起，离地面 8 ～ 10 厘米，免遭荒漠地表高温烫伤自己腹表的异长足漠甲，鞘翅具有横条状皱纹的横条琵琶甲，体似黑色戈壁石，若停止不动，便很难将它们同周围的戈壁石区分开来，从而达到迷惑天敌的目的，如谢氏漠甲、洛氏脊漠甲、皮氏卵漠甲等；天牛科中体长达 40 毫米左右，触角呈锯状的尖跗锯天牛，前胸背板肥厚呈长方形的肥胸土库曼斯坦天牛，触角长于体长 3 倍左右的小灰长角天牛等。

另一个主要的观赏昆虫是体态优美的蝴蝶，在卡山自然保护区采集到数目众多且种类丰富的蝴蝶资源，如：斑缘豆粉蝶（*Colias erate*）、菜粉蝶（*Pieris rapae*）、绿云粉蝶（*Pontia chloridice*）、佛网蛱蝶（*Melitaea fergana*）、福蛱蝶（*Fabriciana niobe*）、昙梦灰蝶（*Lycaena thersamon jandengyuensis*）、塔尔酒眼蝶（*Oeneis t arpeja*）、仁眼蝶（*Eumenis autonoe*）、黄衬云眼蝶（*Hyponephele lupina*）、寿眼蝶（*Pseudochazara hippolyte pallida*）、阿原红眼蝶（*Proterebia afra*）和八字岩眼蝶（*Chazara briseis fergana*）。

（3）有害昆虫

农林业鞘翅目害虫。植食性种类有很多是农林作物重要害虫，有的生活于土中为害种子、块根和幼苗，如叩头甲科的幼虫（金针虫）和金龟甲科的幼虫（蛴螬）等；有的蛀茎或蛀干为害林木、果树和甘蔗等经济作物，如天牛科和吉丁甲科幼虫等；有的取食叶片，如叶甲类及多种甲虫的成虫；有的是重要的贮粮害虫，如豆象科的大多数种类专食豆科植物的种子等。

在鳞翅目中，有些种类的幼虫常是农林业等的重要害虫，除林木危害，部分蝴蝶幼虫则对林间灌木及草本植物进行危害，食其花蕾、幼果及叶片，如豆灰蝶（*Plebejus argus*）寄生于豆科植物，红襟粉蝶（*Anthocharis cardamines*）寄生于十字花科植物。林下危害致使植被减少，生物多样性降低，破坏森林生态系统的稳定性；严重时，使地表裸露，造成水土流失，对森林造成毁灭性破坏。此次科考中发现，在察布查尔县吾尔塔才琼博拉森林公园和尼勒克于赞沟的柳树均受到了疑似为蝴蝶幼虫的严重危害，该柳树上有大量的蝴蝶幼虫造成了柳树枯叶、落叶，严重影响了其正常生长和园林绿化效果。

直翅目昆虫主要以网翅蝗科（*Arcypteridae*）、斑翅蝗科（*Oedipodidae*）、斑腿蝗科（*Catantopidae*）和硕螽科（*Bradyporidae*）为主。直翅目昆虫多为害虫，数量大，种类多，分布广，是重要的草原害虫。

半翅目昆虫，由于很多种能分泌挥发性臭液，因而又叫放屁虫、臭虫、臭板虫。属昆虫纲、有翅亚纲、渐变态类。世界性分布，全世界已知约35000种，在我国有2000种左右。分布遍及全球各大动物地理区，以热带、亚热带种类最为丰富。口器为刺吸式口器，大多数为植食性、是农林牧害虫，为害农作物、果树、林木或杂草，刺吸其茎叶或果实的汁液，对农业能造成一定程度的危害。如豆龟蝽属（*Megacopta*）和圆龟蝽属（*Coptosoma*）的一些种危害豆科作物，发生数量大，群聚危害。每年1～4代，成虫越冬，二龄幼虫才逐渐分散为害。又如常见害虫如根土蝽（*Stibaropus jormosanus*）和大鳖土蝽（*Adrisa magna*），其成虫、若虫生活在土壤或石头、叶堆下，取食农作物嫩根，如麦类、豆类、高粱、花生等禾本科作物，常造成作物大片缺苗断垄。

4. 保护利用建议

根据生态系统结构力理论及昆虫的发生规律，对有害昆虫的防治措施主要有以下几个方面：

（1）物理措施：一是保护好现有生态环境，维持原有生态平衡；二是在已经破坏的地方运用生态学原理建立起新的相对平衡的生态系统来控制害虫成灾，提高生态系统的自然反馈控制能力，减少过度放牧。

（2）天敌防治：寄生性和捕食性天敌较多，利用膜翅目有益的寄生性天敌资源，及薄翅螳螂（*Mantis religiosa*）、异色瓢虫（*Leis axyridis*）等捕食性天敌以及各种食虫鸟类，来防治害虫大爆发。

（3）基于探测昆虫多样性，查明昆虫种类，区分有害昆虫及有益昆虫，充分利用和保护有益天敌昆虫，来防治害虫的大爆发。多数的害虫以造瘿、驻干根茎、取食梭梭、柽柳的枝叶为主，而柽柳、梭梭是卡山自然保护区内的主要荒漠造林植被，减少害虫的大爆发对其造成的危害是十分必要的。此外，减少保护区内的过度放牧和矿产开发，保护卡山自然保护区内的植被对保护区生境的保护亦是十分必要的。

4.3 珍稀濒危及特有动物

4.3.1 国家重点保护动物

根据2021年国家最新发布的《国家重点保护野生动物名录》，卡山自然保护区内国家重点保护野生动物共有49种，其中国家一级重点保护野生动物13种，国家二级重点保护野生动物36种。卡山自然保护区内的国家重点保护野生动物详见表4.9。

表4.9 卡山自然保护区国家级重点保护野生动物

序号	中文名	拉丁名	保护等级
1	普氏野马	*Equus ferus*	一级
2	蒙古野驴	*Equus hemionus*	一级
3	金雕	*Aquila chrysaetos*	一级
4	白肩雕	*Aquila heliaca*	一级
5	玉带海雕	*Haliaeetus leucoryphus*	一级
6	胡兀鹫	*Gypaetus barbatus*	一级
7	秃鹫	*Aegypius monachusmonachus*	一级
8	小鸨	*Tetrax tetrax*	一级
9	大鸨	*Otis tarda*	一级
10	波斑鸨	*Chlamydotis macqueenii*	一级
11	猎隼	*Falco cherrug*	一级
12	矛隼	*Falco rusticolus*	一级
13	草原雕	*Aquila nipalensis*	一级
14	鹅喉羚	*Gazella subgutturosa*	二级
15	盘羊	*Ovis ammon*	二级
16	猞猁	*Lynx lynx*	二级

续表

序号	中文名	拉丁名	保护等级
17	兔狲	*Otocolobus manul*	二级
18	狼	*Canis lupus*	二级
19	赤狐	*Vulpes vulpes*	二级
20	沙狐	*Vulpes corsac*	二级
21	黑鸢	*Milvus migrans*	二级
22	苍鹰	*Accipiter gentilis*	二级
23	雀鹰	*Accipiter nisus*	二级
24	棕尾鵟	*Buteo rufinus*	二级
25	大鵟	*Buteo hemilasius*	二级
26	普通鵟	*Buteo japonicus*	二级
27	毛脚鵟	*Buteo lagopus*	二级
28	靴隼雕	*Hieraaetus pennatus*	二级
29	白头鹞	*Circus aeruginosus*	二级
30	游隼	*Falco peregrinus*	二级
31	燕隼	*Falco subbuteo*	二级
32	灰背隼	*Falco columbarius*	二级
33	黄爪隼	*Falco naumanni*	二级
34	红隼	*Falco tinnuncus*	二级
35	灰鹤	*Grus grus*	二级
36	蓑羽鹤	*Grus virgo*	二级
37	鸿雁	*Anser cygnoid*	二级
38	小鸥	*Hydrocoloeus minutus*	二级
39	雕鸮	*Bubo bubo*	二级
40	雪鸮	*Bubo scandiacus*	二级
41	纵纹腹小鸮	*Athene noctua*	二级
42	短耳鸮	*Asio flammeus*	二级
43	黑尾地鸦	*Podoces hendersoni*	二级
44	白尾地鸦	*Podoces biddulphi*	二级
45	云雀	*Alauda arvensis*	二级
46	红沙蟒	*Eryx miliaris*	二级
47	东方沙蟒	*Eeyx tataricus*	二级
48	极北蝰	*Vipera berus*	二级
49	东方蝰	*Vipera renardi*	二级

在卡山自然保护区内的国家重点保护动物中，最具代表性的就是普氏野马、蒙古野驴、鹅喉羚、盘羊等有蹄类野生动物。

（1）普氏野马（*Equus przewalskii*）

分布蒙新交界地区、蒙古西部、新疆准噶尔东部。历史上野马分布的范围在新疆准噶尔盆地，从玛纳斯河流域，沿乌伦古河向东延伸到北塔山一带，同蒙古西南的科布多盆地作为连接的历史分布区。典型草原动物，栖息于平原、丘陵、戈壁和沙漠边缘的多水草地带，主要以针茅等禾本科牧草为食。蒙古学者已于20世纪60年代末宣布蒙古野马绝迹。2001年以后开始的野马野放已形成17个种群187匹的种群规模。

（2）蒙古野驴（*Asinus hemionus*）

属于荒漠草原动物，栖息地海拔800～2000米，地貌有戈壁、硬泥潭平原和沙质荒漠平原、山间谷地、丘陵、梭梭荒漠和沙漠等（图4.9）。

图4.9　卡山自然保护区内的蒙古野驴种群

蒙古野驴主要以针茅、三芒草、芨芨草、地白蒿、嵩草、优若藜、盐爪爪、梭梭柴、猪毛菜等草灌木类为食。常见与鹅喉羚同在一个生境取食。集中分布于准噶尔卡山自然保护区内，粗略估计有3379～5318匹的种群数量（初红军 等，2009）。

（3）盘羊（*Ovis ammon*）

中亚广大地区（约10个亚种）。保护区国新疆及相邻地区：达尔文盘羊（蒙古亚种）（*Ovis ammon darvini*），蒙古国至内蒙古至新疆东部天山（北塔山、哈尔克山）；盘羊形成很多地理亚种。此与生态地理分布环境的多样性有关，它既可栖息于海拔3000～5000米的高山寒漠无林带，也可生存于1000～3000米的山地荒漠、半荒漠。喜活动于略有起伏的开阔地带。善于攀登高山和岗脊，但不选择北山羊那样险岭栖息处。盘羊分布地段通常上与北山羊分布生境部分重叠，下与鹅喉羚分布生境也有部分重叠。食物以针茅、莎草、早熟禾、嵩草、红景天、野葱类、蒿类以及各种灌木枝叶为食。天敌有狼、雪豹、猞猁、豺。

（4）鹅喉羚（*Gazella subgutturosa*）

卡山自然保护区分布为准噶尔黄羊北疆亚种（*Gazella subgutturosa sairensis*）；为

典型的荒漠、半荒漠栖居种类。跨海拔 500 ～ 2500 米，地形从沙质和砾石荒漠平原、山麓荒漠平原、丘陵、戈壁滩到山地荒漠草原（图 4.10）。

图 4.10　卡山自然保护区内的鹅喉羚种群

保护区内的鹅喉羚种群稍有季节性迁移，喜在空旷地方活动。食物以猪毛菜属、葱属、戈壁羽属、艾蒿及其他禾本科草类为食。2009 年之前调查统计的种群数量为 6638 ～ 19677 只。

4.3.2 《中国濒危动物红皮书》名录物种

卡山自然保护区的哺乳动物中，列入《中国濒危动物红皮书》的有 6 种，野生灭绝（EX）的物种有 1 种，为普氏野马；濒危（E）的物种有 2 种，分别为蒙古野驴和盘羊；易危（V）的物种有 3 种，分别为兔狲、猞猁和鹅喉羚。卡山自然保护区的鸟类资源中，列入中国濒危物种红皮书有 10 种，易危（V）的物种有 5 种，分别为金雕、白肩雕、玉带海雕、秃鹫和胡兀鹫；稀有（R）的物种有 3 种，分别为棕尾鵟、游隼和雕鸮；未定（I）的物种有 1 种，为蓑羽鹤。

4.3.3　IUCN 红色名录物种

卡山自然保护区的哺乳动物资源中被列入《世界自然保护联盟濒危物种红色名录》有 5 种，野外绝灭（EW）的物种有 1 种，为普氏野马；易危（VU）的物种有 1 种，为蒙古野驴；濒危（EN）的物种有 1 种，为盘羊；低危（LR）的物种有 2 种，分别为兔狲和鹅喉羚。保护区鸟类资源中被列入世界自然与自然保护联盟（IUCN）的濒危物种《红皮书》有 6 种，易危（VU）的物种有 4 种，分别为白肩雕、玉带海雕、秃鹫和波斑鸨；近危（NT）的物种有 1 种，为小鸨；无危（LC）的物种有 1 种，分别为大鸨。

4.3.4　CITES 公约附录物种

卡山自然保护区中列入《濒危野生动植物物种国际贸易公约》（CITES 公约）的物种哺乳动物有 6 种，其中附录 I 有 3 种，分别为普氏野马、蒙古野驴和盘羊；附录 II 的物种有 3 种，分别为狼、兔狲和猞猁。保护区的鸟类资源中，被 CITES 公约列入附录 I

的物种有 4 种，为白肩雕、矛隼、游隼和波斑鸨。列入附录 II 的物种有 26 种，分别为黑耳鸢、苍鹰、雀鹰、棕尾鵟、大鵟、普通鵟（图 4.11）、毛脚鵟、金雕、靴隼雕、玉带海雕、胡兀鹫、秃鹫、白头鹞、猎隼、燕隼、灰背隼、黄爪隼、红隼、灰鹤、蓑羽鹤、小鸨、大鸨、雕鸮、雪鸮、纵纹腹小鸮、短耳鸮。

图 4.11　卡山自然保护区内的普通鵟

图 4.12　卡山自然保护区内的沙狐

4.3.5　自治区重点保护动物

卡山自然保护区列入自治区重点保护野生动物名录一级的有 3 种，分别为虎鼬、苍鹭、大白鹭（赤狐、沙狐、鸿雁也被列入自治区重点保护野生动物一级名录，但因为已被列入最新的《国家重点保护野生动物名录》中，所以不再重复统计）（图 4-12）。列入新疆维吾尔自治区重点保护野生动物名录二级的有翘鼻麻鸭（东方沙蜥、红沙蜥等也被列入自治区重点保护野生动物二级名录，但因为已被列入最新的《国家重点保护野生动物名录》中，所以不再重复统计）。

第5章 有蹄类野生动物资源

5.1 以往调查情况概述

1983 年 7 月，对卡拉麦里山的蒙古野驴进行了航空调查（楚国忠 等，1985），共见 73 群 358 匹。

1986 年 5 月，卡山自然保护区又对蒙古野驴栖息地进行了调查（葛炎 等，2003），见到的最大群有 103 匹。

2001 年 5 月，对蒙古野驴的分布数量进行过调查（葛炎 等，2003；彭向前，2015），估计出种群数量为 2632 ～ 4200 匹。

2003 年 9 月，进行保护区总体规划调查时（彭向前，2015），在卡拉麦里山北部的乔木希拜 45 千米路段内记录到 9 群蒙古野驴，每群都超 100 匹以上，最大群达 258 匹，总计有 1469 匹。

2005 年 9—10 月，岳建兵、胡德夫等对卡山自然保护区蒙古野驴进行样线调查（岳建兵，2006），估计数量为 4400 ～ 6068 匹。

2006 年 9 月至 2007 年 12 月，初红军、蒋志刚、葛炎等用截线取样法调查（初红军 等，2009），保护区蒙古野驴数量为 3379 ～ 5318 匹，估算出鹅喉羚春季数量为 14286 匹，夏季数量为 6628 匹，秋季数量为 8337 匹，冬季数量为 19677 匹。

2011 年 4—5 月、8—9 月彭向前对卡山自然保护区蒙古野驴进行样线调查（彭向前，2015），估计蒙古野驴数量为 1592 ～ 2201 匹。

5.2 地面调查情况

5.2.1 调查方法

根据 2011 年《全国第二次陆生野生动物资源调查技术规程》（以下简称“二调技术规程”），确定本次调查中主要调查对象为保护区中有蹄类、荒漠鸟类和荒漠植被。根据调查对象和保护区的主要生境类型，确定采用截线法。在正式野外调查之前，先对保护区管理人员进行走访调查，另收集保护区的文献资料，确定保护区有蹄类动物的主要分布区域。

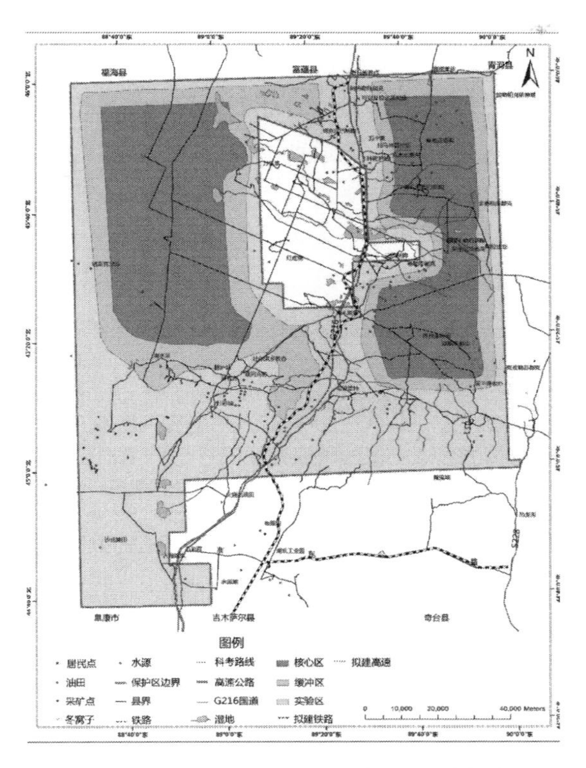

图 5.1　2016 年 5—6 月卡山自然保护区科学考察样线设置（部分样线因卫星信号丢失未显示）

本次野外科学调查的时间为 5 月下旬至 6 月上旬，同时包括 2015 年夏季与秋季蒙古野驴及鹅喉羚调查监测数据。在调查中，首先根据卡山自然保护区的主要生境类型（包括荒漠、戈壁、沙漠、山地等）和有蹄类（主要包括蒙古野驴、鹅喉羚、盘羊、普氏野马等物种）本季主要的活动区域，同时参考保护区内自然环境的可达性等必要条件，在本次调查中，共随机布设了样线 150 条，保证样区的选择覆盖各种栖息地类型和有蹄类重要栖息地，每种生境确定不同数量的调查线路或调查点（图 5.1）。样线长度平均为 20 千米（去除重合线路），考察样线总长度约为 3000 千米；样带单侧宽度 0 ～ 3 千米（平均样带宽度约有 4 千米），抽样的面积约 12000 平方千米，占目前保护区面积的 90% 左右。为了兼顾保护区周边以及以往调整区域，本次调查在随机布设样线的基础上，增加了主要调整区域内的随机样线的布设，加强该区域的调查强度。同时在一些不便于行走的调查区、重要或濒危物种分布区，以及野生动物的经常饮水处、有规律性的必经通道，采用样点调查法进行辅助调查。

根据保护区的典型性确定有蹄类动物调查的生境因子，对二调技术规程中兽类调查表格进行针对性的修改，便于野外调查和记录。在观测记录过程中，对于截线数据主要记录调查人、调查地（州 / 县 / 市）、大地名及林班号、小地名及小班号、截线起点地名、截线起点经纬度及海拔、截线终点地名、截线终点经纬度及海拔、截线长度、行进距离（千米）；对于观测数据主要记录截线编号、观察日期、发现时间、发现地名、发现经纬度、发现地海拔（米）、距离（米）、方位角（度）、动物种类、动物数量、性别组成及各性别数量、年龄组成及各年龄数量、动物现况、景观或地形地貌、坡向、山坡位置及坡度、植被类型及植被总盖度、灌木种类及总盖度、草本种类及总盖度、最近隐蔽物类型及距离、最近水源地类型及距离、最近道路类型及距离、最近居民点类型及距离、围栏情况、天气情况、风向风速（米 / 秒）、温度（摄氏度）、湿度、人类活动类型及距离、距离 216 国道（参照物）距离等数据。

在调查区域内所有生境中随机地设置调查样线，样线尽量经过有蹄类的各种栖息地类型。由于调查区域内 70% 地段相对平坦，可以通行车辆，为了加大调查强度和减少每天观测中因动物迁移造成的计数误差，因此在本次调查中每日共配置了 4 辆车辆同时开展样线调查，调查人员乘坐越野车以相对恒定的车速（约 30 千米 / 小时）沿预定样线行进，用望远镜观察样线两侧的蒙古野驴和鹅喉羚，以群为单位统计发现目标动物的次数，同时记录每群内的个体数、个体年龄及性别、天气状况以及目标动物所在位置地形地貌等环境因子。遇到山坡、土丘等对观察视线有遮挡的障碍物时，则先停车，下车步行到达山顶观察，以减少惊动蒙古野驴和鹅喉羚的可能。群的区分以群之间相隔在 200 米以上为标准。使用激光测距仪测量有蹄类群体与观察者之间的距离。如果超过激光测距仪的测距范围，则根据经验判断距离。使用罗盘仪（精确到度）测定样线前进方向与目标动物之间的夹角。室内分析时根据观测距离和夹角转换为垂直距离。

最后，根据随机样线的调查结果，将每天记录统计的数据进行收集和整理，通过技术软件进行数据分析，统计和估算出保护区本季有蹄类动物的数量和密度。根据 3S 技术，确定有蹄类动物的活动分布区。

5.2.2 种群密度估算

根据本次调查的方式和数据，将利用 Distance 5.0 软件对卡山自然保护区内蒙古野驴的种群密度进行一个估算，计算公式如下：

$$D = \frac{nf(0)E(s)}{2L} \tag{5-1}$$

式中：D 是种群密度（匹 / 平方千米），即每平方千米蒙古野驴或鹅喉羚等野生动物的个体数量，n 为观察到蒙古野驴或鹅喉羚等野生动物群或个体的数量（个），f（0）为垂直距离等于零的概率密度函数，E（s）为观察到蒙古野驴或鹅喉羚等野生动物群体的大小（个），L 为样线的总长度（千米）。

通过探测函数 g（x），计算垂直距离为 x 处动物或动物群被发现的概率，得到动物种群密度和 90% 置信区间。g（x）通过两个步骤获得，首先是建立一个主函数，包括 4 种统计分布，即均匀分布、半正态分布、风险率（Hazard-rate）和负指数分布

(Negative exponential)。而后利用级数展开调整上述关键函数，这些级数展开包括余弦、简单多项式和厄密多项式。根据爱氏信息准则（Akaike's information Criterion，AiC）进行判断，以 AiC 值最小的模型作为探测函数，选择利用卡方拟合度检验探测函数模型与实际观察值分布没有显著差异的统计分布。

把调查发现的物种GPS位点录入Excel表格，保存为dBASE Ⅳ格式后导入ArcView3.2中，完成点状 Shape 文件的生成和处理，分别计算这些分布位点距离水源最近距离、距离冬牧点最近距离、距离道路最近距离和距离最近矿点距离，将蒙古野驴或鹅喉羚等野生动物分布位点与植被图层进行叠加和距离查询，用 Vanderploeg & Scavia's 选择指数（E_i*）分析卡拉麦里山有蹄类自然保护区蒙古野驴或鹅喉羚等野生动物季节性栖息地选择及其主要影响因素，将可以建立水源、固定冬牧点、道路、矿点和植被对蒙古野驴或鹅喉羚等野生动物季节性栖息地影响强度的评价标准。将固定冬牧点、道路、矿点和植被 4 个因子结合起来通过地图综合查询分析，在水源轻度适宜以上范围将可以给出卡拉麦里山有蹄类自然保护区蒙古野驴或鹅喉羚等野生动物各个季节适宜栖息地的面积。

通过对观测记录数据的整理并进行计算，得到目前卡山自然保护区内的蒙古野驴种群密度为（0.165 ± 0.043）匹 / 平方千米（因为调查样线设置随机，涉及各种生境类型，所以最终得到的是整个卡山自然保护区的蒙古野驴种群密度），最终得出保护区内蒙古野驴数量为 2144 匹 ± 562 匹，这一数字较最近一次的调查数据（彭向前 等，2011）有所上升，显示了目前卡山自然保护区内蒙古野驴种群得到了一定的有效保护，但同时这一增幅较小，这可能是由于周边的人为活动和蒙古野驴栖息地破碎化造成的影响。

5.2.3 调查结果

1. 蒙古野驴

在 2016 年春季野外调查中，共有 31 条截线发现野驴，观测记录共 68 次，其中包括 32 个种群，数量为 10 ～ 300 匹不等，共观察记录蒙古野驴 2360 匹次，其中发现 6 匹死亡的个体。因为本次地面调查每天都会使用 4 辆越野车同时进行样线调查，增大了调查的强度和每天的调查范围，因此可以在一定程度上避免不同观测日之间因动物迁移造成的重复计数等现象，但同时因为路线的设置、区域可达性以及当日动物种群的移动等原因，可能会出现遗漏或重复计数等误差，所以蒙古野驴种群在地面调查中总体的观测记录数据为 2360 匹次，而根据地面调查的数据结果，通过函数模型进行模拟计算得到的卡山自然保护区内的蒙古野驴种群数量约为 2144 ± 562 匹。

2016 年春季地面调查（5 月下旬至 6 月上旬）当中，蒙古野驴主要分布在 216 国道 335 管护站、齐巴罗依、散巴斯陶和喀木斯特附近植被盖度较高的草场上，主要地被植物包括了沙生针茅、假木贼、梭梭等，植被盖度在 7% ～ 36% 不等。在戈壁、荒漠等植被覆盖度较低、水源点较少的生境当中蒙古野驴的种群数量明显低于植被覆盖度较高的区域，显示了在卡山自然保护区这种典型的荒漠生态系统当中，以蒙古野驴为代表的有蹄类食草动物对于食物来源和饮用水源的依赖性。本次野外调查 5 月中旬至 6 月初蒙古野驴种群的主要分布点（调查数据）如图 5.2 所示。

因为 2016 年春季调查时间为 5 月下旬至 6 月上旬，此时正处在蒙古野驴的繁殖期前及繁殖期的时间段，所以在调查过程中蒙古野驴呈现出了比较高的警觉性，表现出其警戒距离通常为 2 千米以上，对调查中的近距离和长时间的观察造成了一定困难。同时根据卡山自然保护区阿勒泰站的工作人员统计，2015 年冬季及 2016 年春季降水较多，因此在本次调查最初的过程中发现蒙古野驴对原有的水源地的趋向性并不像以往那样强烈，但是在调查末期（6 月上旬）随着气温的升高和降水的减少，以及新生幼驴的出现（图 5.3），对水源的需求和依赖性增加，蒙古野驴种群又有了向水源地移动的趋势。

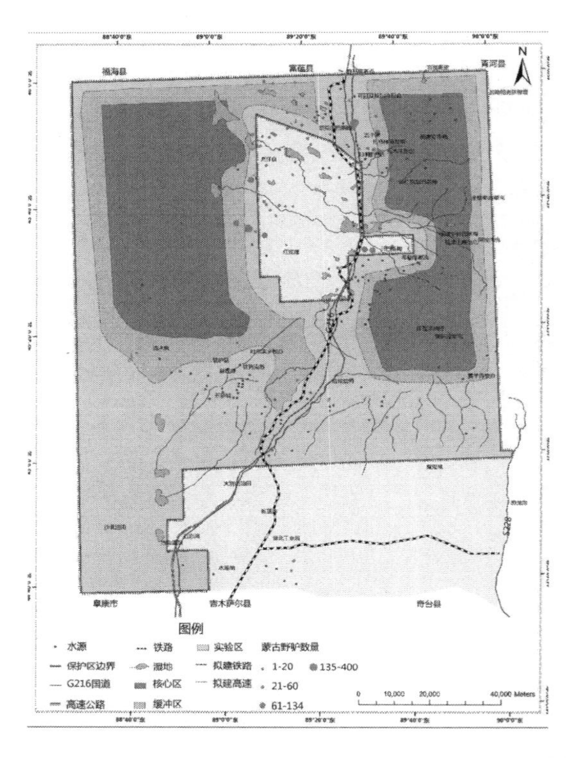

图 5.2　卡山自然保护区 2016 科考蒙古野驴调查结果图

图 5.3　携有幼驴的蒙古野驴种群

在 2015 年夏季（图 5.4）及秋季（图 5.5）蒙古野驴调查监测数据中，可以发现，在夏季蒙古野驴主要分布在卡山自然保护区北部及中部的喀木斯特、齐巴罗伊等处，与 2016 年春季调查数据相比较，蒙古野驴种群的主要分布区域有较为明显的向南部及东部以东的趋势，尤其是向南侧乔木西拜等区域的趋向性较为明显，这可能主要是因为随着夏季气温的升高，蒙古野驴对于水源地的趋向性更为明显导致的。在秋季蒙古野驴的主要分布区域中，主要是卡山自然保护区散巴斯陶以南的区域，尤其是向卡山自然保护区南侧的迁移现象十分明显，这主要是因为随着秋季气温的逐渐降低，蒙古野驴逐渐向南侧的“越冬地”进行移动。根据以往蒙古野驴种群的调查研究等，卡山自然保护区阿勒泰站南侧及昌吉站管辖的区域一直是蒙古野驴最重要的越冬地，因此在未来保护区的规划建设中，需要考虑将昌吉与阿勒泰地区之间的围网、栅栏等阻碍野生动物迁徙的设施移除，同时加强秋季、冬季在阿勒泰与昌吉交界等处的管护措施，保障蒙古野驴迁移廊道的畅通与安全。

图 5.4　2015 年夏季蒙古野驴调查监测分布点示意图（卡山自然保护区提供）

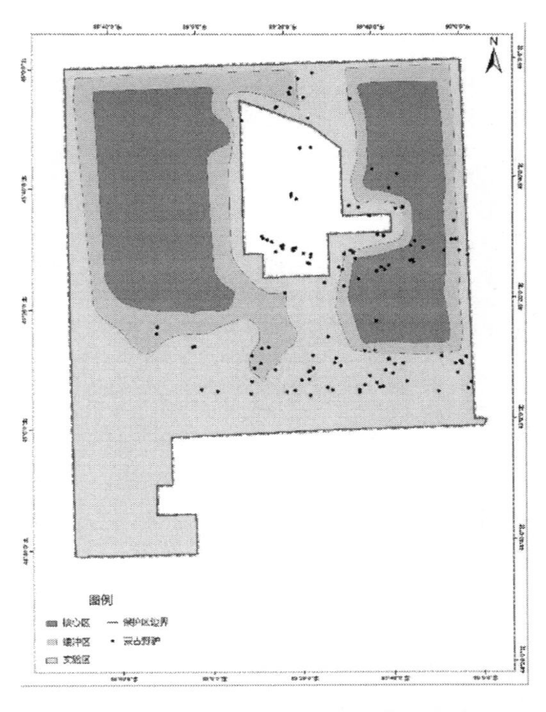

图 5.5　2015 年秋季蒙古野驴调查监测分布点示意图（卡山自然保护区提供）

2. 鹅喉羚

在 2016 年春季野外调查中，共有 40 条截线发现鹅喉羚，共有 85 次观测记录，其中包括 16 个种群，数量为 4 ～ 26 只不等，共发现鹅喉羚 302 只次，种群规模与数量均较蒙古野驴种群要少。在本次调查中发现鹅喉羚的分布区域与蒙古野驴很大面积上相重叠，反映出了有蹄类动物对于食物及水源需求的一定相似性。在本次春季（5 月下旬至

6月上旬）卡山自然保护区的科考调查结果中，鹅喉羚种群的主要分布点如图 5.6 所示。

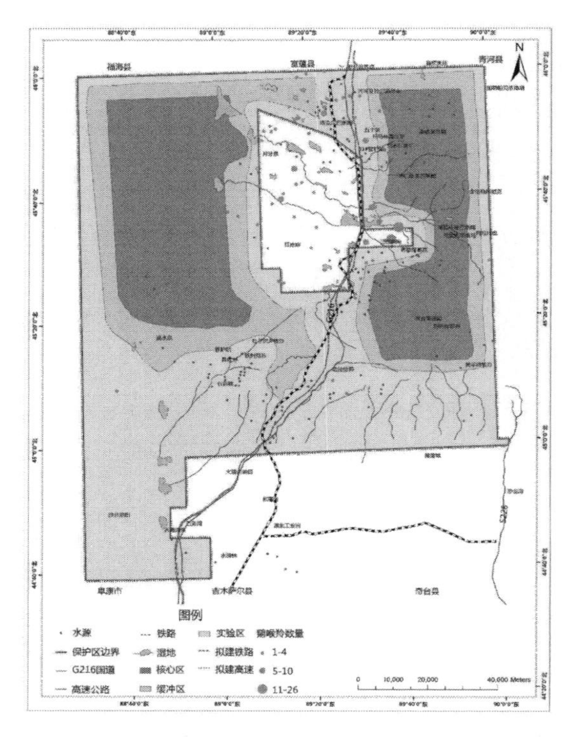

图 5.6　卡山自然保护区 2016 科考鹅喉羚调查结果图

2016 年春季调查，鹅喉羚的分布相对分散，种群比较小，推测这一方面是因为调查时间内正是鹅喉羚繁殖产仔的季节（图 5.7），因此其警惕性和隐蔽性均较高，不易被发现；同时在另一方面，也是因为在 2010 年左右气候的变化，使冬季降雪过多，体型相对较小的鹅喉羚对于气候的抵抗力较弱，因为积雪过厚等原因，鹅喉羚在食物获取、体温保持、逃离捕食者等多方面均受到了严重的影响，因此造成了卡山自然保护区内鹅喉羚种群的大幅下降，目前的种群正处在缓慢的恢复过程当中，因此在本次调查当中发现的鹅喉羚数量明显少于蒙古野驴。

图 5.7　携有幼体的鹅喉羚种群

在 2015 年鹅喉羚夏季（图 5.8）与秋季（图 5.9）的分布情况中可以看到，鹅喉羚与蒙古野驴的主要分布区域以及移动趋势基本一致，同时与 2016 年春季的调查结果相同，鹅喉羚种群的调查监测发现位点比蒙古野驴更为分散，在卡山自然保护区内的分布范围也更广。在夏季鹅喉羚种群主要分布在卡山自然保护区的中部、北部及东部等处，而在秋季主要种群则向卡山自然保护区的南侧迁移。

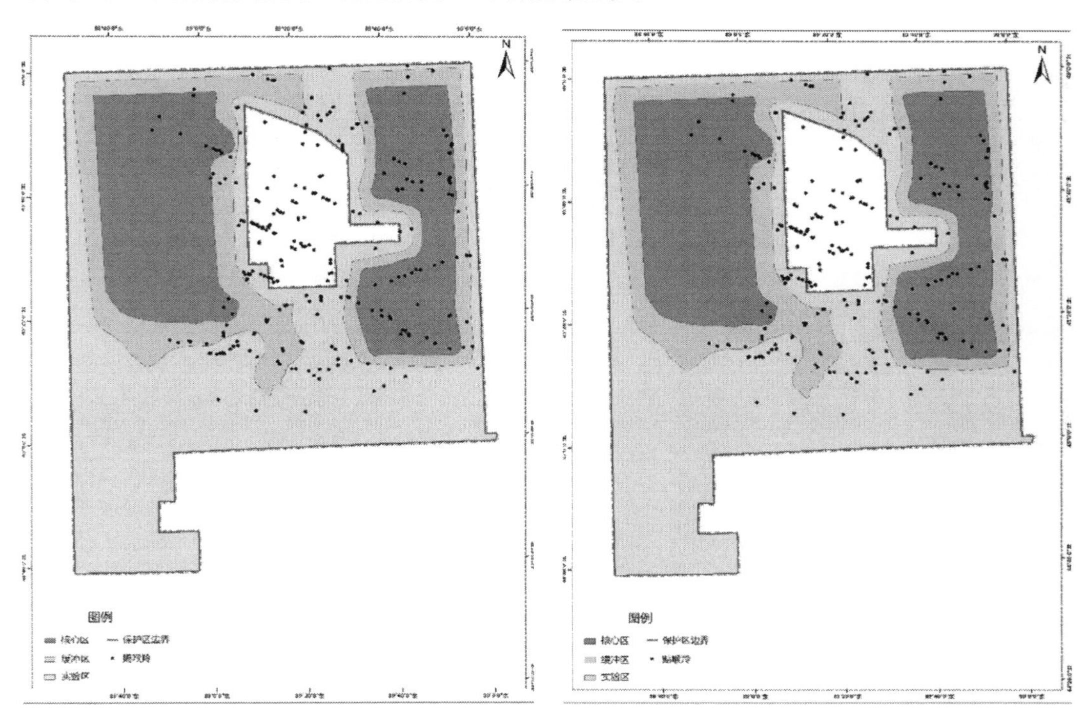

图 5.8　2015 年鹅喉羚夏季调查监测数据示意图（卡山自然保护区提供）

图 5.9　2015 年鹅喉羚秋季调查监测数据示意图（卡山自然保护区提供）

通过全年的蒙古野驴、鹅喉羚等有蹄类野生动物的调查监测数据来看，蒙古野驴、鹅喉羚等有蹄类野生动物在卡山自然保护区内分布和迁移的主要影响因子包括了植被状况、水源地分布以及迁移廊道状况等，因此在未来卡山自然保护区的规划建设中，一方面要加强蒙古野驴、鹅喉羚等有蹄类野生动物赖以生存的植被（例如针茅集中分布区等）和水源地的保护与管理，保证其种群的外部生存条件，另一方面要保障卡山自然保护区内不同季节野生动物迁移路线的畅通与安全，维护保护区内野生动物的自然生存环境，保障区内珍稀动物种群的自然性与延续性。

3. 普氏野马

在 2016 年春季调查中，共有 10 条样线发现野马，总观察数量在 118 匹次左右。本次的调查，野放的普氏野马主要分布在乔木西拜野马野放点附近的水源地及沙生针茅分布的草场上（植被盖度一般在 16% ～ 40%），这主要是因为目前进行再引入的普氏野马种群还未完全形成野生种群，每年冬季还会采用在野马放归点提供补饲等方式维护其种群状况，因此普氏野马的种群分布区域还是集中分布于乔木西拜及周边区域。在本次春季（5 月下旬至 6 月上旬）对卡山自然保护区的科考调查结果中，普氏野马种群的主要分布点（本次调查数据），如图 5.10 所示。

4. 盘　羊

在 2016 年春季野外调查过程中，共有 5 条样线发现盘羊，每个种群数量 2 ～ 11 只，共发现盘羊 35 只次。本次的调查，盘羊主要分布在 25 号矿和 27 号金矿的卡拉麦里山附近（图 5.11）。

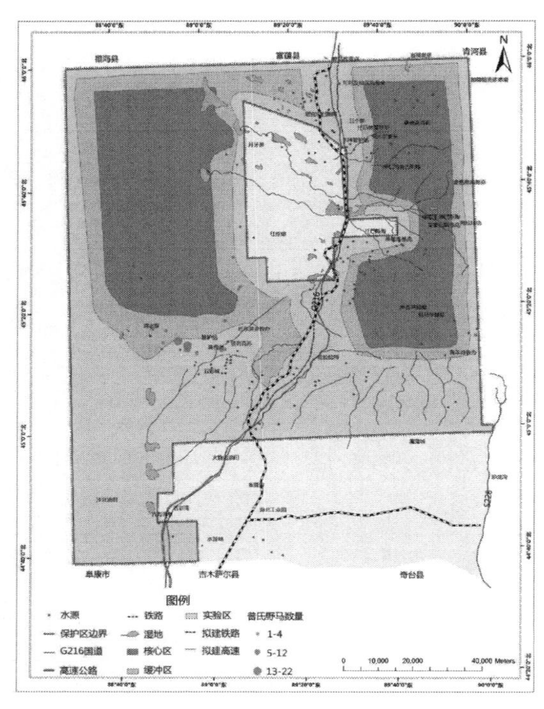

图 5.10　卡山自然保护区 2016 科考普氏野马调查结果图

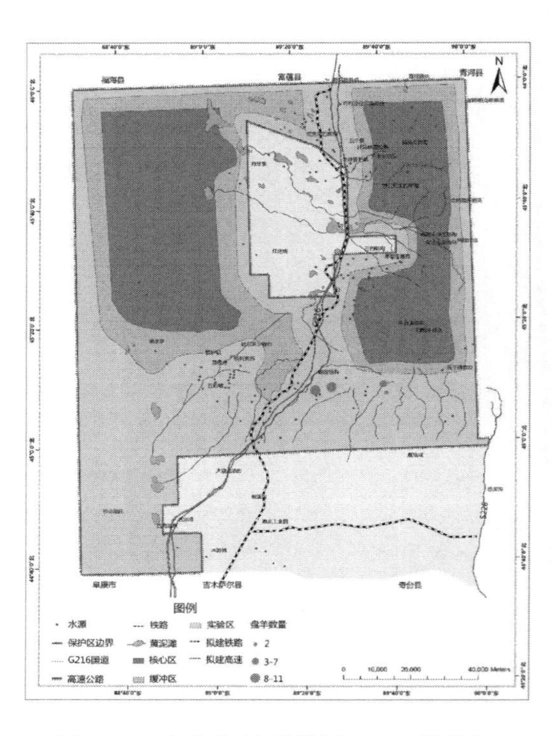

图 5.11　卡山自然保护区 2016 科考盘羊调查结果图

5.3 航拍调查情况

5.3.1　调查方法

在本次野外调查当中，除了采用常规性质的地面样线调查等方式，还引入了无人机拍摄的形式进行航拍调查，作为地面调查的一种辅助和补充形式，完善和提高整个综合考察的技术水平和手段，这也是我国首次对于蒙古野驴种群采用无人机拍摄的形式参与野外调查，调查时间自 5 月下旬至 7 月下旬，总计 65 天时间。

本次调查中共使用 2 架固定翼无人机及 2 架非固定翼无人机，其中固定翼无人机作

为对蒙古野驴野外种群拍摄的主要手段，本次调查主要针对蒙古野驴这一时间段的主要栖息地等处进行了重点调查；非固定翼无人机主要作为样线调查中遇到难以跨越的阻隔物或地形时，进行远程观察的一种辅助手段。

图 5.12　无人机航拍调查图

图 5.13　无人机航拍调查图

在固定翼无人机进行蒙古野驴野外种群的拍摄过程中（图 5.12、图 5.13），由于无人机拍摄面积、精度和无人机飞行高度成反比，精度要求越高，无人机就飞得越低，一个起降所拍摄面积就越少。因此先选取 5 厘米和 10 厘米的两种照片精度进行试飞。10 厘米精度，飞行高度 520 米，一个起降能拍 10 多平方千米，5 厘米精度飞行高度 260 米，可以拍摄面积在 5 平方千米左右。同时保证无人机使用的风速要在 4 级以下，而卡山自然保护区内的气候特点是 12∶30 后（北京时间，后文时间均为照北京时间）将会起风，风速基本在 4 ～ 6 级以上，瞬间风速可达到 7 级，因此拍摄时间一般为早 7∶00—12∶00。

确定了拍摄精度后，配备了望远镜、指南针、对讲机、汽车电瓶、逆变器、网通流量、风速器等，定制了 180 个降落伞的拍摄计划。5 平方千米存为一个文件，一个文件有图片 500 ～ 600 张。

5.3.2　统计方法

对于最终拍摄到的蒙古野驴种群的素材，将对各个照片进行拼接，形成每架次（起落架次）5.5 ～ 6.0 平方千米的单个文件，而后对每一个文件里的 500 多张照片一一甄别读取。

在读图甄别的工作完成后，形成以下文件：

（1）每个架次飞行数据保存一个文件夹，此文件夹包含拼接的每起落架次拍摄图片拼接后的 TIF 格式的整图、飞行日期、飞行地点、单张的全部照片、野驴总数和另外保存的有驴的单张照片（图 5.14），其中有驴的照片已标记数量。

（2）每张照片拍摄时间及 GPS 坐标可在 POS 数据中查询（POS 数据为文件夹内文本文档，打开后可看到每张照片对应的 GPS 坐标，拍摄时间。例如 POS 文件中 iD 为 20 的数据，即是照片 DSC00020 的拍摄时间。GPS 坐标）。

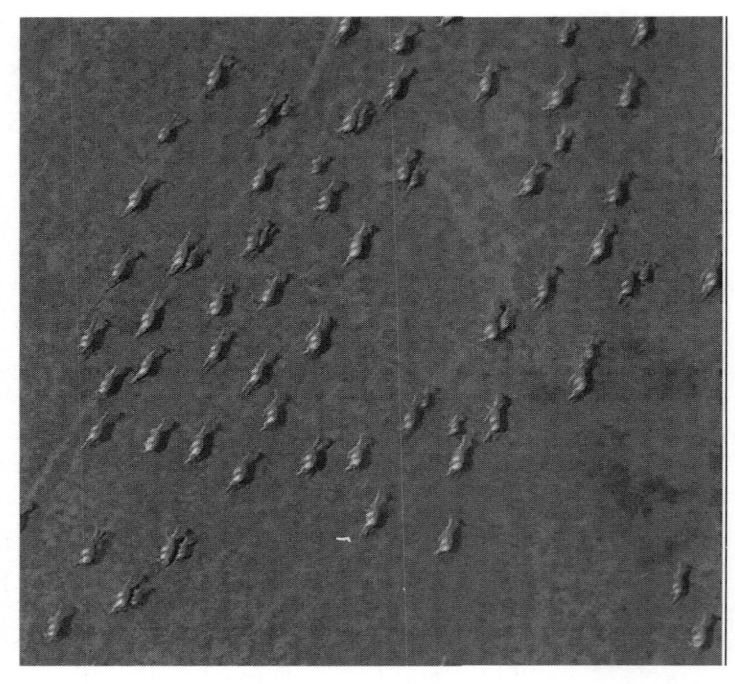

图 5.14　进行解析使用的航拍蒙古野驴种群照片示例

5.3.3　调查结果

本次调查为国内保护区蒙古野驴种群科考调查中首次采用航拍技术，相关要求、标准仍在不断完善，同时相对于卡山自然保护区的总面积，本次调查航拍面积较小，可能存在较大的随机误差，因此在最后计算蒙古野驴种群数量的模型中仍然是采用的地面传统调查的数据。但作为一种全新的调查手段，本次调查中采用航拍调查也取得了很好的结果。

此次共飞行 190 架次，汽车行驶 15000 千米，无人机飞行拍摄 13000 千米，单架次飞行拍摄面积在 5.5 ～ 6.0 平方千米，飞行总面积共计 1020 平方千米。拍摄的素材共储存为 140 个文件包，共约 10 万张照片，接近 6T 的照片量。航拍得到蒙古野驴种群分布图如图 5.15 所示。

因为本次航拍调查的持续时间较长（共 65 日），蒙古野驴种群会在拍摄调查的时间段内出现迁移，同时进行航拍过程当中蒙古野驴种群也会出现移动等现象，所以目前航拍调查的数据单位为头次。在整个航拍调查过程当中，经初步统计，利用航拍调查最后共拍摄到蒙古野驴 12871 头次，因为每张航拍照片进行因此在航拍照片中会出现个体的重复的拍摄和计数现象，所以通过后期将拍摄照片重叠区块内的蒙古野驴进行筛选剔除，去除重复计数数量，得到本次航拍蒙古野驴最终的种群数量为 5029 匹次，在 7 月 2 日调查的 131 区块共 5 平方千米范围内（216 国道西侧、喀木斯特工业园北侧的保护区内），共记录到了 1003 匹蒙古野驴，其中各个种群数量大多在 50 头以上，说明这一时间段内卡山自然保护区的蒙古野驴种群主要分布于调查区域内。蒙古野驴主要分布地块详见图 5.15。

通过将航拍调查的数据（图 5.15）与之前地面调查的数据相对比可以发现，因为调查时间相对靠后，已经开始进入夏季，同时蒙古野驴已经完成了繁殖产仔过程，所以蒙古野驴种群的分布更为趋向于 216 国道两侧的水源地（图 5.16），这与地面调查后期呈现出的迁移趋势相一致。通过地面调查与航拍调查的数据显示，目前卡山自然保护区内蒙古野驴种群在繁殖季节的主要栖息地位于 216 国道两侧，喀木斯特工业园北部及散巴斯陶等处，因此在未来进行卡山自然保护区功能区划调整的过程中应该重点关注这一区域的定位与保护。

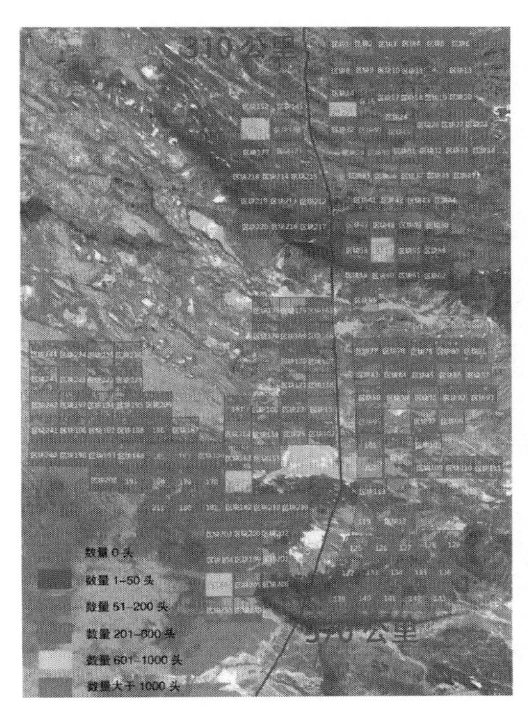

图 5.15　航拍调查蒙古野驴种群分布密度图（数据为累加数据，单位为头次）

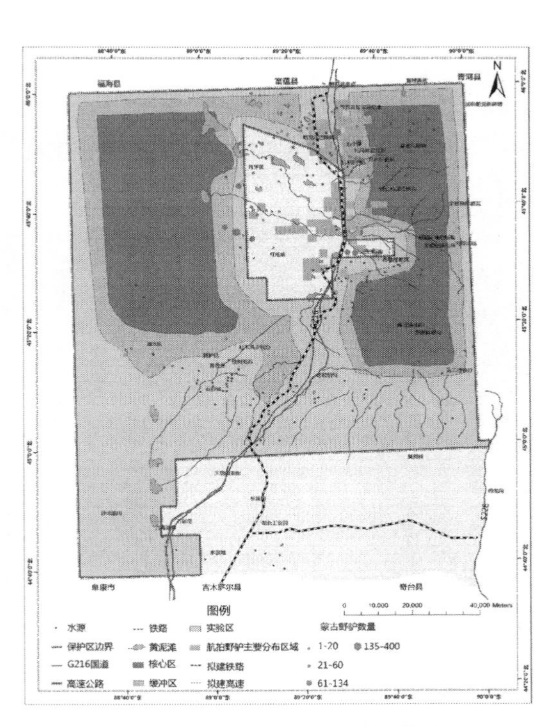

图 5.16　地面调查与航拍调查蒙古野驴种群分布对比图

5.4 调查结果分析

5.4.1 蒙古野驴

1. 分　布

根据 2014 年《新疆富蕴阿拉安道南矿井环境影响评价野生动物影响专题报告》中整合的之前历年调查结果，蒙古野驴的四季活动分布如下：

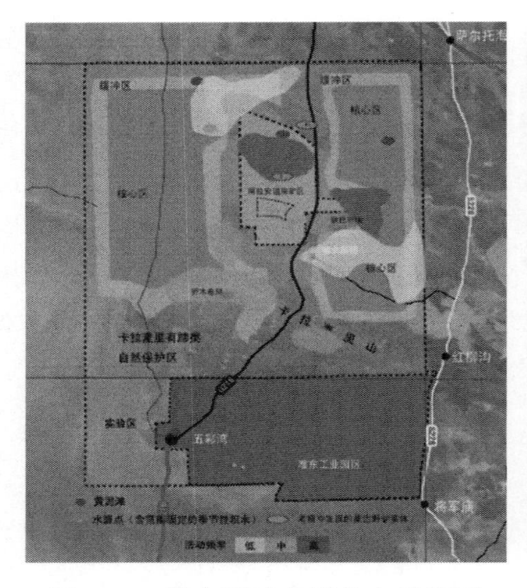

图 5.17　蒙古野驴春季分布示意图

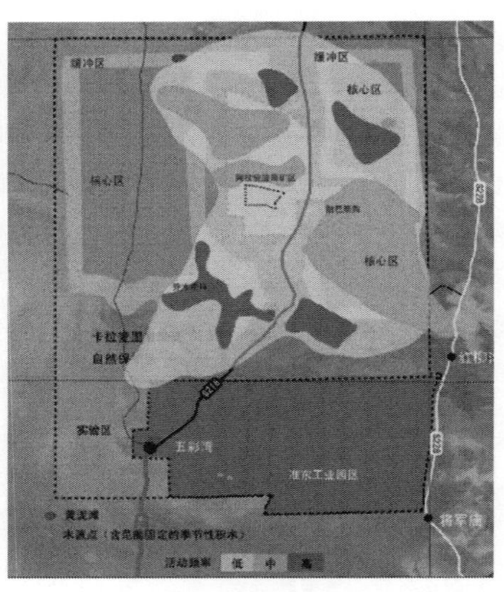

图 5.18　蒙古野驴夏季分布示意图

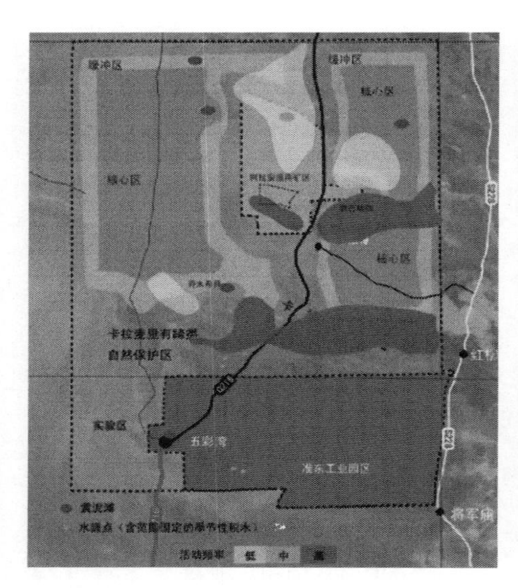

图 5.19　蒙古野驴秋季分布示意图

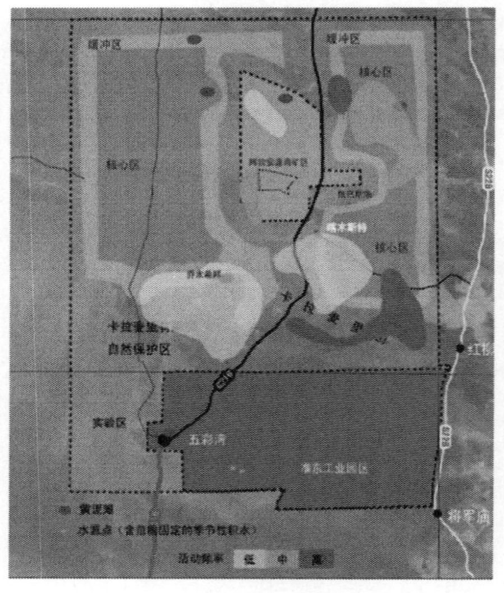

图 5.20　蒙古野驴冬季分布示意图

通过将以往调查数据（图 5.17 ～图 5.20）和本次野外科考结果对比分析，可以发现在春季蒙古野驴的主要分布区是相一致的，主要在喀木斯特工业园的西北部和散巴斯陶地区的活动频率最大，通过最近研究成果（任璇　等，2016），也发现卡山自然保护区适宜性生境区域也主要分布在北部、中部和东部的 216 国道两侧，说明本季对以往调整的保护区以及工业园等区域的利用率高，而此时间段也正是蒙古野驴繁殖产仔的重要季节，因此对于喀木斯特工业园和散巴斯陶地区等野生动物和人为活动重叠较多的区域，即卡山自然保护区内北部、中部的 216 国道两侧，作为卡山自然保护区中适宜性生境指数最高的区域之一，建议在未来卡山自然保护区的区划调整中，重点考虑喀木斯特工业园的西北部和散巴斯陶地区等区域调整和完善，以保证春季及夏季蒙古野驴繁殖栖息地的完整性，同时防止外界的人为干扰对蒙古野驴繁殖产仔造成威胁。

根据以往的调查数据以及本次野外科考的结果可以发现，在春季野驴繁殖产仔后，随着夏季到来，气温升高，蒙古野驴对水源的趋向性和依赖性增强，蒙古野驴种群开始向水源地的主要分布点移动（图 5.21）。同时在本次调查中也发现，在卡山自然保护区南侧区域，尤其是昌吉管理站范围内，没有发现蒙古野驴的分布，而对比以往的调查结果，在一定程度上说明此地主要是作为蒙古野驴越冬的临时栖息地。

图 5.21　卡山自然保护区内正在移动的蒙古野驴种群

从图 5.19、图 5.20 的蒙古野驴秋季、冬季种群分布图中可以发现，因为准东工业园内工矿企业以及铁路、高速公路等建设，尤其是阿勒泰地区与昌吉州之间原来建设的铁丝网等阻隔设施，已经使保护区内的蒙古野驴种群无法进一步的向南迁移，对蒙古野驴种群的越冬造成了不利影响。在本次调查当中，卡山自然保护区南侧东部的水源地附近（已在保护区现有范围外，属于准东工业园范围），发现有被铁路、公路等隔离的一个蒙古野驴种群（观察到总数约 30 ～ 40 匹），因为周边的阻隔无法在季节变化时进行迁移，其种群的生存状况已经受到了严重的威胁，因此建议根据新疆维吾尔自治区人民政府《关于进一步加强卡拉麦里山有蹄类野生动物自然保护区管理工作的决定》中提出的要求，在未来进行卡山自然保护区功能区划的调整过程中，要充分考虑到蒙古野驴种群迁移线路的通畅和各个种群的延续，为蒙古野驴的迁移预留出生态廊道，严禁进一步的人为干扰，防止出现人为的隔离阻碍，保证蒙古野驴种群的栖息环境完整与连续。

2. **数　量**

2016 年野外调查蒙古野驴（图 5.22、图 5.23）的数量为 2360 匹次，与以往调查研究的数量差异不大，蒙古野驴的数量变化相对稳定。另本季调查的时候正处在野驴的繁殖季节，调查的最后发现有产仔的情况，因此可以相信现在蒙古野驴的数量比调查观测的结果可能会进一步提高。

图 5.22　卡山自然保护区内生存的蒙古野驴

图 5.23　卡山自然保护区内生存的蒙古野驴

5.4.2　鹅喉羚

1. 分　布

根据《新疆广汇准东喀木斯特 40 亿方 / 年煤制天然气项目生态环境影响专题报告》野生动物的专项中整合的以往调查结果显示，鹅喉羚四季的活动分布如图 5.24～图 5.27 所示：

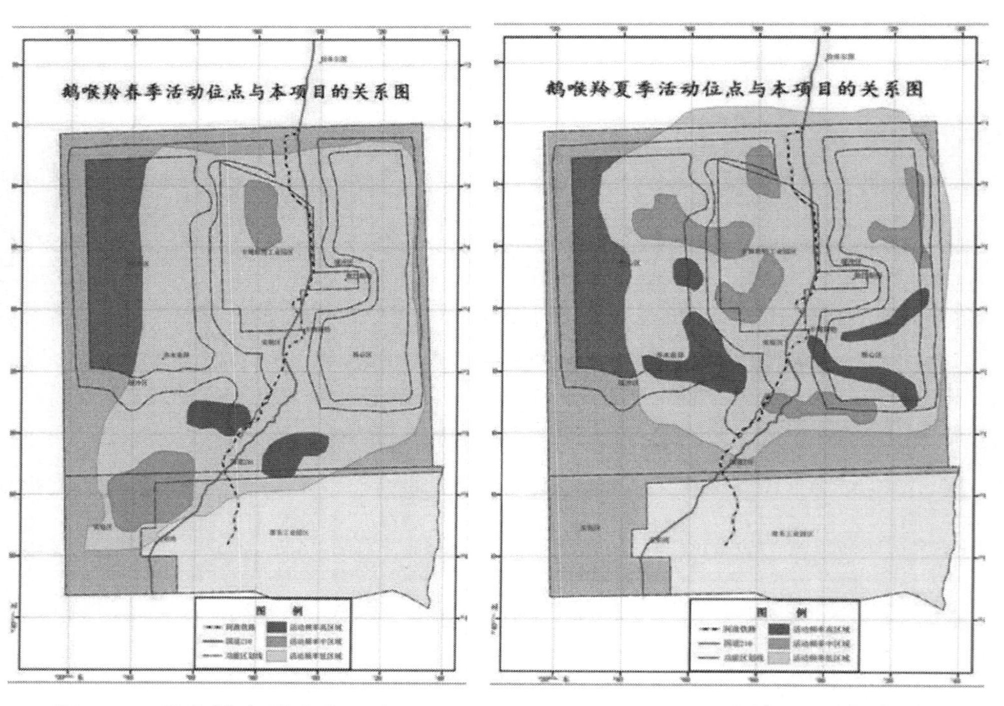

图 5.24　鹅喉羚春季分布示意图　　图 5.25　鹅喉羚夏季分布示意图

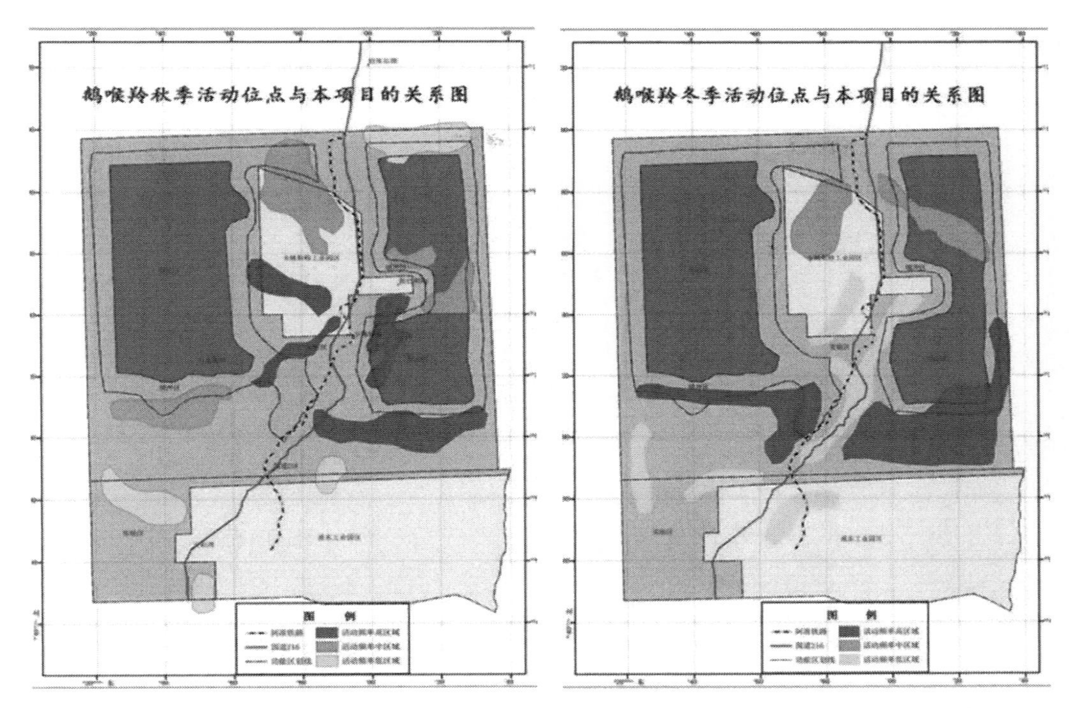

图 5.26　鹅喉羚秋季分布示意图　　　　**图 5.27　鹅喉羚冬季分布示意图**

通过 2016 年野外科考中的鹅喉羚种群分布图（图 5.4、图 5.5），可以发现在春季鹅喉羚的主要分布区与蒙古野驴种群的分布有一定的一致性，主要分布在国道 216 两侧以及喀木斯特、散巴斯陶附近，说明有蹄类动物对于食物来源、饮用水源等资源需求的相似性。同时通过将以往调查数据（图 5.24 ～图 5.27）和本次野外科考（图 5.4、图 5.5）对比分析，可以发现与蒙古野驴不同的是，鹅喉羚种群在春季的主要分布区域与以往调查结果呈现出了一定的差异：以往数据资料显示，鹅喉羚种群在春季的主要分布区在卡山自然保护区南侧阿勒泰地区与昌吉州交界处附近，少部分分布于喀木斯特工业园北部；在本次调查中可以发现，鹅喉羚种群主要分布在喀木斯特、散巴斯陶附近，保护区南侧的鹅喉羚数量很少。造成这种差异的原因可能是气候变化以及人为活动等不同因素造成的影响，需要在未来卡山自然保护区的规划建设中加强科研监测项目内容，为鹅喉羚种群的恢复和发展提供有效的保护与技术支撑。

2. 数　量

本次野外调查鹅喉羚的数量 302 只次，与 2006 年初红军等估算结果相差巨大。由此可见 2009—2010 年的自然灾害（雪灾）对鹅喉羚种群的影响巨大，现在鹅喉羚种群数量正在缓慢的恢复，同时因为工矿企业、来往车辆造成的人为干扰增加，以及当地放牧牲畜（据统计目前已有约 40 万头 / 只，相对于鹅喉羚乃至蒙古野驴的种群数量来说这个数字是十分巨大的）增加食物竞争等原因，使卡山自然保护区内鹅喉羚种群的恢复仍然面临艰巨的任务。

5.4.3 其他有蹄类

其他有主要蹄类动物包括普氏野马和盘羊。

1. 分　布

普氏野马（图 5.28）的野化放归项目还在进行当中，普氏野马种群还没有形成完全野生的种群，每年冬季绝大多数普氏野马还会回到乔木西拜的野马放归点补饲越冬，因此普氏野马的分布区依然集中在乔木西拜的野马放归点附近，以及卡山自然保护区阿勒泰站的西南侧，如前图 5.9 所示。本次野外调查中，盘羊主要分布于卡拉麦里山区域。

通过本次科考调查可以发现，普氏野马与盘羊的分布均与适宜生境以及食物来源有着密切的关系。普氏野马作为再引入物种，目前正在野化放归的过程当中，野外生存能力正在逐步加强，而在冬季环境较为严苛的时间段，仍然需要人工补饲等以维护种群的生存延续，所以目前普氏野马的主要分布区仍然集中于乔木西拜野马放归点为中心一定区域范围内。卡山自然保护区的盘羊主要生活在保护区东侧的卡拉麦里山区内，这与盘羊这一物种对于栖息地的选择相一致。

图 5.28　卡山自然保护区内的普氏野马

2. 数　量

因为野马站繁育的工作扎实有效，普氏野马的数量在稳步增加，本次调查中共观察记录到普氏野马 118 匹次。同时在本次野外调查中，共观察记录盘羊实体 35 只次。相对于其他有蹄类，本次调查中观察记录到的盘羊种群（图 5.29）相对较少，一方面是因为保护区内的盘羊种群本身数量相对较少，更主要是因为盘羊生存的卡拉麦里山的山区地形地貌与其他有蹄类（蒙古野驴、鹅喉羚等）有一定差异，如前图 2.3、图 2.4 所示，使得在调查过程中无法使用车辆等工具快速覆盖较大的观察范围，同时因为山区内视线容易被阻隔，造成了观察记录的难度，这就需要在今后的科考调查中增加无人机等新的技术手段，以便更好地观察记录盘羊种群的生存状况。

图 5.29　卡山自然保护区内的盘羊

第6章　旅游资源

卡拉麦里，是哈萨克语，意为“黑油油的山”，因低山丘陵山头岩石以黑色岩层为主而得名。其西南部，出露的侏罗纪岩层，因其所含的矿物成分呈烧赤红、暗紫、蕉黄等多种色彩，又有了火烧山、五彩湾等名。在遥远的亿万年前，这里是广阔的北疆海的一部分，后来地层抬升，变成了一片台地，其中散布着很多湖盆。暖湿的湖沼环境为以裸子植物为主、并伴有大量蕨类植物的原始森林创造了良好的生长条件，茂盛的植物为大型动物提供了充足的食粮，特别是为多种恐龙创造了良好的生境。所以，现在在这里发现了大量的古地质遗迹、侏罗纪出露地层、大规模原始森林形成的硅化木森林遗迹，以及大量的恐龙遗迹，使其成为名副其实的中国“侏罗纪公园”。卡拉麦里山有蹄类自然保护区为典型的荒漠景观，沙漠、戈壁、荒漠草原，“雅丹地貌”“化石滩”“硅化木园”“恐龙沟”“火烧山”都在其中。普氏野马、蒙古野驴，更是保护区所独有。穿行在古尔班通古特沙漠东缘的216公路上，周围只有一望无际的戈壁滩和远处的荒山相连，公路一眼望不到尽头，眼前只有地平线，天幕低垂，朵朵云团低得就像飘在头顶，似乎触手可及。在一望无际茫茫戈壁滩面前，你会感到荒凉和沧桑，“天地玄黄、宇宙洪荒”。公路两旁零星的骆驼与牛羊，天空小鸟飞过，时而金雕盘旋，给荒凉的戈壁带来一丝生机。由乌鲁木齐至阿勒泰，G216沿线及外延，可经过新疆天池风景区、五彩湾、吉木萨尔千佛洞、北庭故城、新疆奇台硅化木—恐龙国家地质公园、乌伦古湖海滨景区、可可托海风景区、地质三号矿脉、三道海子景区等，一路上荒漠绿洲、戈壁草原、雪峰湖泊、璀璨星空，翩翩佳人，令人魂萦梦牵。

6.1　自然旅游资源

6.1.1　卡山自然保护区自然旅游资源特点及评价

1. 地域广阔资源类型不丰富

卡山自然保护区地域广阔，为典型的荒漠景观，沙漠、戈壁、荒漠草原景观，旅游资源基本类型数量少，仅有将军戈壁、硅化木－恐龙国家地质公园、魔鬼城、五彩湾（火烧山）、卡拉麦里山有蹄类野生动物、海市蜃楼6个基本类型可供游览、观赏。

在旅游资源 8 个主类、31 个亚类、155 个基本类型中，保护区内仅有地文景观、生物景观、天象与气候景观 3 个主类，综合自然旅游地、沉积与构造、地质地貌过程形迹、野生动物栖息地、光现象 5 个亚类，6 个基本类型，资源类型不丰富，比较单一。详见下表 6.1：

表 6.1　卡山自然保护区内旅游资源类型

3 主类	5 亚类	6 基本类型
A 地文景观	AA 综合自然旅游地	将军戈壁
	AB 沉积与构造	硅化木－恐龙国家地质公园
	AC 地质地貌过程形迹	魔鬼城、五彩湾（火烧山）
C 生物景观	CD 野生动物栖息地	卡拉麦里山有蹄类野生动物
D 天象与气候景观	DA 光现象	海市蜃楼

2. 旅游资源等级高

在 6 个基本类型中，五级、四级各 2 个，三级、一级各项工 1 个，即“特品级旅游资源”（五级旅游资源）2 个，“优良级旅游资源”（五级、四级、三级旅游资源）5 个，“普通级旅游资源”（二级、一级旅游资源）1 个。旅游资源等级极高，参见下表 6.2：

表 6.2　卡山自然保护区旅游资源赋分及级别表

基本类型	资源要素价值					资源影响力		附加值		
	观赏游憩使用价值	历史文化科学艺术价值	珍稀奇特程度	规模、丰度与机率	完整性	知名度和影响力	适游期或使用范围	环境保护与环境安全	得分	资源级别
将军戈壁	12	12	12	4	5	7	5	3	60	三级
硅化木－恐龙国家地质公园	28	25	15	8	5	10	5	3	99	五级
魔鬼城	21	23	12	7	5	7	5	3	83	四级
五彩湾（火烧山）	21	23	12	7	5	7	5	3	83	四级
卡拉麦里山有蹄类野生动物	30	25	15	7	5	10	5	3	100	五级
海市蜃楼	5	12	8	4	3	6	1	3	42	一级

6.1.2　地文资源

卡拉麦里山有蹄类自然保护区以卡拉麦里山为核心，地貌独特，自南向北呈垂直地带性分布，南部为古尔班通古特沙漠和卡拉麦里山山前戈壁，中部为卡拉麦里山山地，北部为荒漠丘陵地带。沙漠地带为古尔班通古特沙漠的延伸，戈壁主要分布在卡山南坡前山带的黑色砾石将军戈壁。在卡拉麦里山干河谷与戈壁交汇处，由于季节性流水及雪融作用，个别地段形成泥沼，故称“黄泥滩”。卡拉麦里山山地处于准噶尔盆地中天山和阿尔泰山的缝合线，岩体以黑色山岩为主，是中生代形成的残蚀岩，极为松脆。北部荒漠依山势而下为残蚀丘陵，向北逐渐趋缓。相对高差为几十米，为大片稀疏的荒漠草场。保护区内主要地文资源有：

1. 将军戈壁

位于昌吉州东北部奇台县城以北，地处准噶尔盆地东部，面积数千平方千米，近1000平方千米的范围内，荟萃了多处奇景异貌。形成了具有多重性的大型戈壁沙漠风貌旅游区，全国独有，举世罕见这片原始、粗犷的土地上处处充满神奇、魅惑。在这人迹罕至的万古荒原，金山道映天山冰，寒云悠郁悼漠空。都护倥偬齐戎马，冲宵长恨野庙中。历史留下了将军戈壁悲壮的回忆。这个十分神奇而又迷人的地方，开阔的沙地上生长着红柳、梭梭和芨芨草，红黑色的石滩在阳光照射下，暑气蒸腾，经常会出现虚无缥缈的海市蜃楼幻影。它独特的地理环境孕育了独具特色的自然景观。另外，亚洲最大的硅化木群，轰动中国的恐龙沟，被称为化石之库的石钱滩都在这里，和魔鬼城并称将军戈壁“四大奇迹”。

2. 魔鬼城

全称“诺敏魔鬼城”或“诺敏风城”，位于恐龙沟西南。比克拉玛依的乌尔禾魔鬼城大7倍，总面积84平方千米。魔鬼城并非人力所为，它完全是大自然的手笔。不知多少年前，由于地壳的运动，这里形成了一些砂岩结构的山体，这些较为松软的岩石在千万年的剥蚀下，形成了千奇百怪的造型和大大小小的洞穴。魔鬼城就是在这种外力作用下形成的。地质学上的三叠纪、侏罗纪、白垩纪的各种沉积物组合而成，历经风蚀雨剥，形成各种各样奇特的造型：人、妖、兽、楼、台、亭、阁、古堡、魔窟、石桥、烽燧，千姿百态，离奇怪诞。而每当狂风大作，城堡内便发出各种令人毛骨悚然的声响：或千军万马，或似鬼哭狼嚎，或似长啸悲啼，或似惨叫冷笑。因此得名“魔鬼城”。

3. 硅化木－恐龙国家地质公园

卡山自然保护区拥有世界最大的硅化木园，出土过亚洲最大恐龙化石的恐龙沟。据地质学家说：这些硅化木距今在一亿年以上。在侏罗纪时期，这里气候湿润，雨量充沛，湖水荡漾，生长着大片的银杏、苏铁、石松、白果树、柏树等原始森林，密密匝匝，遮天蔽日。后来，由于地壳发生巨大裂变，大片的森林被颠覆于地层下。那些曾经埋入地层中的树木在含有二氧化硅的地下水高温高压作用下，树干被硅化，渐渐变成如今这质地坚硬的硅化木，其典型性、独特性、稀有性屈指可数，具有很高的科考价值，在国内外享有很高的知名度，是集科普教育和科考探险为一体的理想旅游景区。这里的一片远古森硅化石群，距今在一亿年以上。裸露硅化木约2万株，为世界之最，其中一株长26米，居世界第二。它与“恐龙沟”“魔鬼城”，被称为将军戈壁的“金三角”，寂静多年的将军戈壁，如今已逐渐引起了世人的关注。

4. 五彩湾（火烧山）

位于吉木萨尔县城北，乌鲁木齐西北35千米处，是一片茫茫戈壁荒漠中罕见的五彩缤纷的世界，素来以怪异，神秘，壮观而著称，充满奇丽的色彩，它处在准噶尔盆地东南部广大的沙漠地带。多彩的山壁，由深红、黄、橙、绿、青灰、灰绿、灰黑、灰白等多种色彩的泥，页岩互层构成的低丘群，带地貌起伏，变化多端，有的酷似威武雄狮，有的极像宝塔，有的雅如侍女，有的形如吠日狂犬，还有的则如逶迤几百米蜿蜒而去的莽莽游龙。因其地状如城郭，形似古堡，因而这里又被称为“五彩城”。最大的特色在于众多和缓起伏的小山均由砖红色和橘黄色岩石构成，色泽鲜艳，质地坚硬，相击锵然有声，音质清脆。整个丘陵区在阳光下通体泛红，熠熠生辉，十分壮观，置身于此，可以想象几十万年前一片火海的壮观场景。登高远望，山谷中雾气缭绕，那些被阳光镀亮的彩色山丘更加玲珑剔透，像一把张开的彩色小伞。特别是早、中、晚三个时间它会展现出各不相同的姿色，给世人留下感觉各异的兴味。火烧山的岩石原始并非红色，它是由于下覆煤层自燃而被烘烤成红色的，因此又叫烧变岩，其是一处较为典型的雅丹地貌景观旅游地。它与吐鲁番的火焰山不同之处，即火焰山因温度高而闻名天下，火烧山是因其山体颜色而闻名；每逢晨昏，在朝阳或晚霞映照下，仿佛仍在熊熊燃烧，壮丽罕见。

6.1.3 水文资源

卡山自然保护区无地表水分布，地下水储量也很少，水资源相对贫乏，这已成为野生动物生存的主要制约因素。保护区内共有 14 处山泉，主要为裂隙水溢出形成的山泉。除泉水外，卡拉麦里山西北部有几个大的黄泥滩，这些黄泥滩渗透性能差，能汇集雨水和融雪水，尤其夏季可以汇集较多雨水于滩沟中，在天空的映衬下极具荒漠风情。

6.1.4 生物资源

准噶尔盆地荒漠是横跨亚非的亚非荒漠的一部分，梭梭荒漠、柽柳荒漠和荒漠河岸的胡杨林成为代表性植被。由于冬雪春雨条件，以及深入荒漠的河流河水的滋润，植物生长条件较好，成为荒漠野生动物生存的乐园。卡拉麦里沙漠、戈壁与低丘的交错分布，特别为许多有蹄类动物提供了良好的生境，成为在新疆绝迹的普氏野马、赛加羚的原故乡，也成为蒙古野驴、鹅喉羚、赤狐、兔狲、狼等多种野生有蹄类动物的重要分布区域，胡兀鹫、玉带海雕、草原雕、红隼、猎隼等许多猛禽也因有食物而在这里上空盘旋。在世人眼中卡拉麦里一直就是“兽类的天堂”。

普氏野马曾经作为达尔文进化论中的“模特儿”而备受重视。五千年的进化，野马从森林动物变为草原动物；从狐狸般大小变得像今天家马一样高大。野马的演变，证明了动物随环境的演变而变化，证明了“适者生存”的道理。然而，人类活动的经济环境，对生态环境的影响如此深刻，使野马这样的进化明星，也不免走上了陨落之路。曾几何时，曾经盛极一时的美洲野马、欧洲野马，相继退出了地球的生命舞台，最后轮到了亚洲野马，即普氏野马重归故里，回到了卡拉麦里山。

6.1.5 天象资源

“大漠孤烟直，长河落日圆”，卡拉麦里空旷是一种美，尤其是戈壁荒漠更是一种美。空旷近似洪荒、类似恐怖，往往发出哀叹，使人窒息，但卡拉麦里的空旷戈壁才不荒凉呢，是最安全的一块净土。卡拉麦里这个词本身就是一种物质财富的体现，这里有荒漠边缘绿洲上的植物、荒丘上的植被，有普氏野马、蒙古野驴、鹅喉羚等多种野生动物，有黑色的油（黑色的石油）。卡拉麦里山是一座资源宝库，这里更有荒漠边缘绿洲上的植物、荒丘上的植被、沙谷里的野生动物。8 月的卡拉麦里，烈日如火，天干地燥，热浪蒸发的雾气在沙漠上空形成隐约可见的海市蜃楼。

6.2 周边旅游资源

6.2.1 周边旅游资源特点及评价

天池—喀纳斯是新疆旅游黄金线路，由陆路 G216 从乌鲁木齐起程前往，必经卡拉麦里山有蹄类自然保护区，而卡拉麦里山有蹄类自然保护区跨越昌吉回族自治州的阜康市、吉木萨尔县、奇台县和阿勒泰地区的富蕴县、青河县和福海县等二个地区 6 个县市，沿线借景旅游资源众多，特点多样，是旅游黄金线路上旅游产品最好的补充。

卡拉麦里山有蹄类自然保护区周边景观资源整体上具有多样性的特点，同时局部还蕴含着奇、险、秀、幽，有明显的层次感和立体感。在形态上，山体线条流畅但又棱角分明，连绵起伏柔和韵律，处处流露着灵气。在组合上，湍流不息的溪流、广阔无垠的草原、无边的林海包裹着卡拉麦里山。在色彩上，主体以灰色大漠戈壁为主，给人以宽广庄重伟岸，深邃的蓝天、碧蓝的湖水、墨绿的松林、青翠的草地，多彩的野花，形成了强烈的视觉双比。形态、组合、色彩等方面的天然搭配构成了特有的景观。

1. 类型多样，数量众多

卡拉麦里山有蹄类自然保护区周边拥有众多高品位单体，孕育着众多典型地质构造、各类生物化石，陡崖峭壁，名山、奇特与象形山石，风景河段、泉、森林、草原、野生植物等旅游资源共计 68 个基本类型，移步移景，错落有致，构成众多观赏度高的自然奇景。

保护区周边借景资源以自然旅游资源占绝对优势，拥有丰富的景观资源，一山内涵盖银装素裹的雪峰、色彩斑斓的草甸、连绵的森林、水草丰美的摹、形态优美的河流、造型奇特的峡谷，地处少数民族聚集地，有丰富多彩的民族文化和岩画、古城等遗迹遗址。在旅游资源 8 个主类、31 个亚类、155 个基本类型中，保护区周边借景资源有地文景观、生物景观、天象与气候景观、遗址遗迹、建筑与设施、人文活动 7 个主类，22 个亚类，68 个基本类型，资源类型多样，单体丰富。

2. 资源组合丰富

如表 6.3 所示，保护区周边旅游资源有植被垂直分布特点，从雪锋、高山草甸、亚高山草甸、柏类灌木、云杉纯林、针阔混交林、河从林、灌木林到荒漠草原，形成完美组合景观特征；有雪峰与峡谷辉映，草甸与森林交错，森林与草交融，草原与灌木镶嵌，灌木怀草原点缀的艺术组合；有雪峰—草原草甸—绿色森林—丹霞峡谷的色彩组合。加之景观单体丰富多样，不但是大自然的有完美搭配，也是本区有标志性景观。

表 6.3　卡山自然保护区借景旅游资源类型表

主类	亚类	基本类型
A 地文景观	AA 综合自然旅游地	荒漠生态经济园、天山怪坡、一万泉国家级旅游风景区
	AB 沉积与构造	石钱滩、地质三号矿脉、卡拉先格尔地震断裂带
	AC 地质地貌过程形迹	恐龙沟、额尔齐斯河大峡谷、神钟山、鸣沙山、熊猫山
	AD 自然变动遗迹	陨石群
	AE 岛礁	吉力湖鸟岛
B 水域风光	BA 河段	额尔奇斯河、乌伦古河
	BB 天然湖泊与池沼	天池、乌伦古湖、可可苏湖、伊雷木湖、套查干郭勒湖、三道海子
	BC 瀑布	额河瀑布
	BD 泉	阿拉善（温泉）沟 、季兰德温泉
	BE 河口与海面	
	BF 冰雪地	博格达峰
C 生物景观	CA 树木	红叶沟、大东沟桦林公园
	CB 草原与草地	江布拉克、沙依恒布拉克牧场、北塔山
	CC 花卉地	
	CD 野生动物栖息地	蝴蝶沟、布尔根河狸自然保护区
D 天象与气候景观	DA 光现象	
	DB 天气与气候现象	
E 遗址遗迹	EA 史前人类活动场所	北庭故城、疏勒城、唐朝墩古城
	EB 社会经济文化活动遗址遗迹	地质三号坑、旗帐遗址、北塔山古炮台
F 建筑与设施	FA 综合人文旅游地	清真大寺、乌拉斯台口岸、海上魔鬼城、天鹅湖乐园、海滨景区、青河县白桦公园、塔克什肯口岸
	FB 单体活动场馆	
	FC 景观建筑与附属型建筑	吉木萨尔千佛洞、石城子、唐巴勒岩绘、鹿石、苏普图石人、巨石堆、三道海子鹿石、草原石人、查干郭勒水库岩画
	FD 居住地与社区	额河奇石馆、宝石财物一条街、吉木萨尔县博物馆、奇台县博物馆、富蕴县博物
	FE 归葬地	喀热拉斯依尔墓葬群、塔斯达克墓葬群、萨木特墓
	FF 交通建筑	
	FG 水工建筑	
G 旅游商品	GA 地方旅游商品	

续表

主类	亚类	基本类型
H 人文活动	HA 人事记录	国家一级英模赛尔江烈士、北塔山事件
	HB 艺术	
	HC 民间习俗	东地大庙、塔塔尔族撒班节、卡拉角勒哈
	HD 现代节庆	
7 主类	22 亚类	68 基本类型

6.2.2 卡山自然保护区周边旅游资源

卡拉麦里山有蹄类自然保护区地跨 2 个地区，6 个县市，处于为古尔班通古特沙漠以南，目前古尔班通古特沙漠周边地区有 5A 级景区 3 个，4A 级景区 3 个，3A、2A 级景区 46 个，国家级风景名胜区、森林公园、文物保护单位以及自然保护区 23 个。卡山自然保护区依托现有区域旅游资源优势，借助旅游景区或经济重心城市，已形成一定旅游基础和经济发展实力的景区，进行资源整合，开展中长线自然风光游、定点主体活动游、民情体验游、徒步、越野运动游等，因此周边旅游资源众多。

1. 地文景观

奇台县 30 万亩荒漠生态经济园；"上坡轻松、下坡累"，雨天"水往高处流"奇景的天山怪坡；东部天山北坡最好的天然草场之一的万泉国家级旅游风景区；藏在将军戈壁最僻静的地方的石钱滩；国内独有，国外罕见，素以"地质矿产博物馆"而享誉海内外的地质三号矿脉；"地震博物馆"之称的卡拉先格尔地震断裂带；"恐龙之乡"恐龙沟；"阿依艾胡木"即有声音的沙漠鸣沙山；大清河西侧由花岗岩构成一座罕见的自然风景奇观熊猫山；青河县境内茫茫戈壁上陨石群；世界著名的高山湖泊天池；吉力湖中部芦苇纵深，郁郁葱葱的绿色长廊，鸟类的天堂吉力湖鸟岛。

2. 水域风光

准噶尔盆地西北边缘乌伦古河；乌伦古河的尾闾乌伦古湖；细腻柔软的白色沙滩，无淤泥，湖底坡降平缓，湖水清澈见底的大海东南岸；全疆独一处特色水域，孕育了纯朴的哈萨克牧人、渔人文化的小海子；称为塞外沙家浜，野鸭湖的可可苏湖；一派阿勒泰草原风光，素有"中国第二寒极"之称伊雷木湖（俗称海子口水库）；套查干郭勒湖；哈萨克语称为"玉什库勒"三道海子；额河瀑布；蒙语"温泉"之意阿拉善（温泉）沟；季兰德温泉；终年闪耀着白白的亮亮的光芒，与山谷中的天池绿水交相辉映博格达峰。

3. 生物景观

秋声、秋色、秋韵、秋赋，放眼望去，无不充满了诗情画意红叶沟；林秀、水碧、草绿、石怪，备受游客赞赏大东沟桦林公园；圣水之源江布拉克；天然避暑胜地杜热乡夏牧场沙依恒布拉克牧场；与蒙古国接邻北塔山；雄伟挺拔青松直插云霄，风吹拂下松涛阵阵依腾尔岔夏牧场；哈萨克语称之为"库别力克布拉克"的地方蝴蝶沟；世界上稀有动物河狸布尔根河狸自然保护区。

4. **遗址遗迹**

亦叫护堡子古城，汉代金满城，北庭故城；半截沟镇麻沟梁山坡上疏勒城遗址；唐薄类城遗址；旗帐遗址；国民党时期的军事碉堡北塔山古炮台。

5. **建筑与设施**

奇台县最早的一座清真寺清真大寺；乌昌地区唯一对蒙古国常年开放陆路口岸乌拉斯台口岸；吉力湖东北乌伦古河入湖口；海上魔鬼城；白天鹅繁殖、栖息之地天鹅湖乐园；乌伦古湖海滨景区；同蒙古国巴彦乌列盖省毗邻红山嘴口岸；青河县白桦公园；塔克什肯口岸；吉木萨尔千佛洞；唐巴勒岩绘；经过人工敲凿雕刻加工而成的一种碑状鹿石；距今已有 2000 多年的历史苏普图石人；类似金字塔石堆巨石堆，有图腾崇拜说、巫术感应说、拟人祭祀说、生殖崇拜说、天猎石说和部落印记说等三道海子鹿石；青河县草原石人；查干郭勒水库岩画；额河奇石馆；宝石财物一条街；富蕴县博物馆；吉木萨尔县博物馆；奇台县博物馆；喀热拉斯依尔墓葬群；塔斯达克墓葬群；萨木特墓。

6. **人文活动**

这里有被中央宣传部、国家民委、公安部联合授予“全国民族团结进步模范”称号的国家一级英模赛尔江烈士；北塔山事件；东地大庙；庆祝春耕，祈望来秋塔塔尔族撒班节；“黑色的走马”卡拉角勒哈。

第7章 社会经济状况

7.1 保护区社会经济状况

卡山自然保护区内人口稀少，除喀姆斯特交通食宿点，无人定居。在卡山自然保护区南部外围的火烧山、五彩湾一带驻有石油单位、新疆准东经济技术开发区，常住人口约30000余人。

保护区周边是多民族聚居地，以工业和牧业为主，工业以矿产开发为主，农牧业主要从事畜牧业生产。牧民以哈萨克为主，其次是蒙古族。保护区是周边各县市的冬牧场，目前在保护区内放牧的牲畜头（只）数约有40万，对保护区内野生动物，尤其是有蹄类野生动物的食物来源与生存环境造成了一定的压力。

2004年，保护区南部经勘探发现蕴藏有丰富的煤资源，当年开始进行准东煤电开发建设，2009年列入国家规划。2012年9月15日经国务院正式批准，准东开发区获准设立为国家级经济技术开发区，实行现行国家级经济技术开发区政策。2012年，开发区基础设施和工业项目累计完成投资745.52亿元。

7.2 周边地区社会经济状况

近几年，卡山自然保护区周边所在的六县经济发展速度也有了明显的提高，奇台县被列入国家粮食基地县，吉木萨尔县被列入油料基地县。卡山自然保护区周边的生产经济活动主要为石油和采矿业，石油业主要是新疆石油公司在此进行石油开采，现开采油田有彩南作业区、火烧山作业区等，采矿业主要是准东开发区。参见表7.1。

表7.1 2012年卡山自然保护区周边六县社会经济情况统计表

县（市）	人口状况			经济指标					
	人口/万人	汉族/%	少数民族/%	财政收入/万元	农牧民平均收入/元	GDP/万元	第一产业/万元	第二产业/万元	第三产业/万元
福海	10.08	44.29	55.71	18194	6389	227481	89580	68119	69782

续表

县（市）	人口状况			经济指标					
	人口/万人	汉族/%	少数民族/%	财政收入/万元	农牧民平均收入/元	GDP/万元	第一产业/万元	第二产业/万元	第三产业/万元
富蕴	9.53	22.22	77.78	67381	6236	411200	57867	290054	63245
青河	6.42	18.54	81.46	18695	4288	123005	26849	56767	39389
阜康	16.76	71.36	28.64	147458	10666	1014000	180386	650619	200013
奇台	20.18	68.63	31.37	47006	9421	694142	317235	226330	165477
吉木萨尔	14.06	68.71	31.29	53900	9232	393000	134301	154842	99562

7.3 保护区土地资源与利用

自然保护区是保护自然资源和自然环境的重要基地，自治区人民政府为了有效地保护好普氏野马、蒙古野驴和鹅喉羚等有蹄类野生动物，于1982年批准建立了卡拉麦里山有蹄类野生动物自然保护区。

根据《中华人民共和国森林法》《中华人民共和国土地管理法》《自治区保护区管理条例》的规定，确认林权、林地登记注册，所列的保护区内的林地、野生动物、矿产资源及其他资源为国家所有，保护区面积18000平方千米，由卡山自然保护区经营管理和使用，其合法权益受法律保护，畜牧、石油、地质、科研等有关部门在卡山自然保护区内进行开发、利用、研究资源时，需征得保护区的同意，以利于生态平衡和野生动植物保护。

目前，卡山自然保护区面积14856.48平方千米，其中灌木林地2094.01平方千米，无立木林地1810.92平方千米，宜林地（指沙地、戈壁、裸露地、盐碱地等宜林荒山荒地）10951.55平方千米。

7.4 社区对保护区发展的潜在影响

卡山自然保护区周边社区关系复杂。保护区地跨昌吉、阿勒泰两个地州，包括有阜康市、吉木萨尔县、奇台县、福海县、富蕴县和青河县6个县市的行政区域，加上大中型企业的开发项目，社区经济发展对保护区的影响冲击，主要反映在保护和利用的关系上。

一方面保护区由于经济来源不足，收入少，支出多，加之保护区地处荒漠戈壁地带，管理工作量大，工作难度大，开展保护管理、科研等工作需大量的经费，光靠财政拨款仅能维持工作人员的生活及日常支出，无法筹集到足够的资金开展保护管理工作。因此在这方面保护区管理机构应利用保护区内得天独厚的自然条件，在保护自然资源的前提下，开展科研、教学实习、旅游开发和多种经营等综合项目，既可以使人们进一步了解自然，增强对大自然的热爱，又可增加保护区的收入，有利于保护事业的开展，为保护资源和保护环境服务。另一方面随着旅游业的发展，虽然保护区一方采取了必要的管理手段，但在旅游旺季，由于人为活动频繁，会对保存完整的荒漠生态系统带来较大威胁和压力。同时在大力提倡“以人为本”的治国策略下，显然保护区在传统意义上的管理手段和方法已经不能适应新时代的要求。过去单一强调的“保护区一草一木都不能动的”保护理念受到冲击。这就需要在确保资源安全的前提下，重视保护和开发的矛盾，积极探索，合理开发和利用自然资源的有效途径，从而使保护区在服务社会、满足公众、促进经济社会发展中发挥更大的作用。

卡山自然保护区的生境变化成因是以人为干扰为主，自然因素为辅。近年来卡山自然保护区适宜性生境质量和数量呈下降趋势，这一状况和保护区周边及保护区内经济的开发，保护区周边煤炭、石油等矿产开发和道路建设的规模逐步扩大有极大的关系，严重影响了野生动物正常分布和繁殖，使得保护区生境遭到了一定程度的破坏。卡山自然保护区有蹄类野生动物生境呈现恶化趋势，需要采取措施遏制进一步恶化。所以保护与发展密切结合是保护区建设的指导思想。正确处理保护区建设和社区发展的关系，将直接影响到自然保护区生物多样性保护工作的成效，因此建议加强公路管理，确保野生动物迁徙路线通畅。对于准东煤田的开发，相关单位应严格规范管理，尽量减少对保护区的破坏。充分应用现代的科技手段来实现卡拉麦里保护区野生动物科学化管理，建立健全保护区野生动植物资源调查和环境监测的长效机制。

第8章 自然保护区管理

8.1 基础设施

自1982年新疆维吾尔自治区批准建立保护区以来，保护区管理站对保护区内的自然环境和自然资源进行全面的保护与管理，并多方筹集资金，进行必要的基础设施建设。卡山自然保护区原设有卡山自然保护区昌吉管理站和阿勒泰管理站。

原卡山自然保护区昌吉管理站位于保护区西南部五彩湾，在国道216线路西侧，建有办公楼1座，建筑面积820平方米；有越野车2部，建有职工宿舍320平方米，职工餐厅180平方米，文体活动中心400平方米。

原卡山自然保护区阿勒泰管理站位于富蕴县的恰库尔特镇，建有办公楼1座，建筑面积1700平方米，宣教中心1处，建筑面积4200平方米。另保护区建有其他基础设施，具体如下：

1. 保护区标志

在国道216线恰库尔图和五彩湾分别建有保护区标志碑和标志牌共4处。

2. 管护站（点）

保护区现有国家级公益林管护站12处，分别为恰库尔图、野马北迁、吉列库都克、开蒙尔、喀木斯特、科乃温都尔、乔木西拜、沙漠料场、沙十九、水源地、江卡、五彩湾管护站，各管护站的站址建设及管护面积如下：

（1）恰库尔图管护站：站址地理坐标为东经89° 32′ 22″，北纬46° 19′ 47″，建筑面积60平方米。

（2）吉列库都克管护站：站址地理坐标为东经89° 28′ 50″，北纬45° 59′ 33″，建筑面积60平方米。管护面积约2347.52平方千米，占保护区总面积的15.8%。

（3）开蒙尔管护站：站址地理坐标为东经89° 28′ 56″，北纬45° 47′ 20″，建筑面积60平方米。管护面积约2248.43平方千米，占保护区总面积的15.1%。

（4）野马北迁监测站：站址地理坐标为东经89° 8′ 50″，北纬45° 25′ 42″，建筑面积60平方米，管护面积约1303.50平方千米，占保护区总面积的8.8%。

（5）喀木斯特管护站：与喀木斯特检查站同址建设，站址地理坐标为东经89° 24′ 30″，北纬45° 23′ 06″，为利用已建国家公益林中心站，建筑面积500平方米。管护面积约1978.19平方千米，占保护区总面积的13.3%。

（6）科乃温都尔管护站：站址地理坐标为东经89° 33′ 27.7″，北纬45° 11′ 16.4″，建筑面积150平方米。管护面积约1544.66平方千米，占保护区总面积的10.4%。

（7）乔木西拜管护站：站址地理坐标为东经89° 03′ 29.9″，北纬45° 13′ 59.5″，现有建筑面积60平方米。管护面积约2020.28平方千米，占保护区总面积的13.6%。

（8）沙漠料场管护站：站址地理坐标为东经88° 35′ 34″，北纬45° 06′ 36″，现有建筑面积150平方米。管护面积约1589.11平方千米，占保护区总面积的10.7%。

（9）沙十九管护站：站址地理坐标为东经88° 48′ 30″，北纬44° 50′ 19″，建筑面积60平方米，管护面积约422.66平方千米，占保护区总面积的2.8%。

（10）五彩湾管护站：站址地理坐标为东经88° 52′ 37″，北纬44° 49′ 7″，建筑面积60平方米，管护面积约699.46平方千米，占保护区总面积的4.7%。

（11）水源地管护站：站址地理坐标为东经89° 2′ 34″，北纬44° 43′ 6″，建筑面积60平方米，管护面积约116.14平方千米，占保护区总面积的0.8%。

（12）江卡管护站：站址地理坐标为东经89° 29′ 59″，北纬44° 56′ 41″，建筑面积60平方米，管护面积约586.03平方千米，占保护区总面积的3.9%。

3. 饲草料储备库

在乔木西拜新建了800平方米饲草料储备库一座；在喀姆斯特建饲料存贮库400平方米；在五彩湾长沙岛改建饲草料储备库一座，面积2000平方米。

4. 野生动物水源地

卡山自然保护区每年定期清理水源地43处，主要有27号金矿水源地，207水源地，330水源地，370水源地，335水源地，408水源地铃铛刺水源地，开蒙尔东水源地，开蒙尔水源地，开蒙尔西水源地，乔木西拜水源地，三巴斯陶水源地，三个坑水源地，围栏湾水源地，五彩城水源地，五个井水源地，野格孜托别水源地，哈木齐水源地，红柳水源地，红柳小水源地，姜尕水源地，库尔特牧办水源地等。在野生动物的主要分布区建有人工水源地17处，打井2眼。为保证旱季野生动物饮水需求，按需补水。

5. 监测设施

在卡山自然保护区主要野生动物分布区，已建远程监控终端6处，分别在乔木西拜2处、国道216线350里程处以西5千米、345千米以东2千米、散巴斯陶、406以西5千米。

在野生动物饮水点和野生动物栖息地，布设红外监测相机，监测野生动物种类、活动、迁徙等情况。截至2016年，保护区累计布设相机120余台，布设地点40余处。

6. 关键物种监测点

在乔木西拜管护站建立野马野放监测站。

7. **巡护线路**

在有蹄类野生动物栖息地周边设置有蹄类野生动物监测固定样线 50 条，平均每条 10 千米，共计 500 千米。

8. **宣教中心**

在恰库尔图镇建有卡山自然保护区宣教中心，建筑面积 4200 平方米；在五彩湾建有卡山自然保护区展厅，建筑面积 1200 平方米，作为保护区对外宣传的主要窗口。

9. **宣传牌**

目前已建宣传牌 13 处，分别位于吉列库都克管护站、开麦尔管护站、喀姆斯特管护站、216 国道 395 里程处、216 国道 408 里程处、滴水泉路口、滴水泉路中间处 2 块、滴水泉路与昌吉交界处、沙漠料场东面、沙漠料场南面、乔木希拜管护站、恰库尔图管护站对面。

8.2 机构设置

2016 年 12 月 30 日，新疆维吾尔自治区编办下发了《关于设立自治区卡拉麦里山有蹄类野生动物自然保护区管理中心（自治区卡拉麦里山自然保护区野生动植物研究所）的批复》，对卡山自然保护区原阿勒泰管理站和昌吉管理站整合，成立了自治区卡拉麦里山有蹄类野生动物自然保护区管理中心，公益一类事业单位，规格为正县级，隶属于自治区林业厅。2017 年 3 月，卡山自然保护区管理中心正式成立，内设办公室、野生动植物保护管理及疫源疫病监测科、林政资源及公益林管理科、卡山自然保护区野生动植物科学研究所、组织人事科、恰库尔图管理站、五彩湾管理站、喀木斯特管理站 8 个科室、站（所），分工明确，体制完善，同时制定了严格的管理制度，坚持依法治区，广泛开展宣传教育工作，使保护区内的自然环境和自然资源得到了有效的保护管理。

8.3 保护管理

卡山自然保护区建立以来，已成立了统一的管理机构——新疆维吾尔自治区卡拉麦里山有蹄类野生动物自然保护区管理中心（新疆维吾尔自治区卡拉麦里山自然保护区野生动植物研究所），建立了各项规章制度，修建了管护设施，配备了管理人员，开展日常的保护工作，保护区的建设和管理取得了长足进步。

保护区现有公益林管护站 12 处，分别为恰库尔图、野马北迁、吉列库都克、开蒙尔、喀木斯特、科乃温都尔、乔木西拜、沙漠料场、沙十九、水源地、江卡、五彩湾管护站。

（1）初步建立了保护管理体系。自保护区成立以来，保护区不断加强基础设施建设，完善保护管理的规章制度，落实保护责任制，已经初步建立保护管理体系。

（2）加强野生动植物保护工作，保护区内野生动植物资源比较丰富，为了使这些珍稀动物有一个良好栖息和繁衍的场所，保护区将野生动物保护工作纳入月考核指标之一，并积极开展野生动物“宣传月”，通过典型事例开展专题教育，大力宣传《野生动物保护法》《新疆维吾尔自治区卡拉麦里山有蹄类野生动物自然保护区管理条例》，通过宣传教育，大力提高了全民保护野生动物的意识。

（3）落实目标管理制。将保护区分区划段、分林班、分片包干到人，做到了从上到下层层有人管，山山有人护，沟沟有人看的新局面，从而有效地保护了区内的动植物资源。

（4）坚持严格的考核制度，突出劳酬挂钩，做到了地块、任务、职责、奖罚四落实，真正从组织上、领导力量上保证保护区的动植物资源。

（5）建立健全了管理制度，严禁在自然保护区砍柴、放牧、狩猎、开垦、开矿、采石、取土等人为破坏活动，对违反规定的，一经发现严厉查处。

（6）坚持严格的进出山登记，管理制度严格控制进入保护区的车辆和人员，做到进山登记出山严格检查，发现问题及时解决。

（7）建立健全巡护制度，要求管护队员定期进行巡护，宣传政策，做好巡护日志。

（8）对管理人员进行培训，通过培训提高了执法水平，有效制止了违法行为，教育了群众，较好的保护了野生动植物资源。

（9）加强宣传，提高群众的保护意识，保护区非常重视宣传工作，每年都开展以《野生动物保护法》《自然保护区管理条例》《新疆维吾尔自治区卡拉麦里山有蹄类野生动物自然保护区管理条例》等法律法规为内容的宣传活动。

8.4 科学研究

为了进一步提高卡山自然保护区科学的管理，了解保护区自然环境及自然资源状况，卡山自然保护区管理中心配合有关科研、调查、高等院校等单位进行了资源本底调查。

1982 年 7 月，在自治区林业厅支持下，有新疆大学、八一农学院自治区林业厅自然保护区办公室、昌吉州林业局、中国林科院动物室等 13 个单位参加，对保护区内蒙古野驴的数量进行历时 8 天的飞行航调。

1983—1984 年两年间，保护区管理站工作人员一方面进行基建工作，另一方面积极开展宣传教育等工作，制作了各类标牌，在保护区入口处及各交通要道进行埋设。

1985—1992 年对保护区重点保护动物蒙古野驴、鹅喉羚进行种群数量调查，进行栖息地本底调查，对准东石油开发、国道 216 改线工程进行环境影响评价。

1993 年 5 月，根据自治区林业厅的要求，在卡山自然保护区进行森林火险区划工作，将保护区列入二级森林火险区。

1995—2001 年，对保护区蒙古野驴、鹅喉羚进行资源动态监测，同时协同中科院

新疆分院、新疆农业大学、新疆林科院等对保护区动物、植物、地质、旅游资源进行普查。

2000—2010 年，任璇等通过将野生动物实际分布和遥感数据反演的生态参量结合起来，运用 ArcGiS 数据处理和空间分析功能，采用单因子评价参量（指标）方法，评价了卡山自然保护区生境适宜性动态变化特征。

2001—2004 年，保护区进行森林分类经营区划，对区划国家公益林进行管护，2004 年中央森林生态效益补偿基金在保护区实施。

2005 年，李莹等通过对卡拉麦里山有蹄类自然保护区鹅喉羚分布调查和栖息地样方采集，运用 GiS 技术进行目视解译与图层叠加分析进行鹅喉羚分布研究，并运用选择指数与选择系数模型探讨了鹅喉羚的生境选择。

2005 年 7—10 月，岳建兵等采用样线调查法，调查该保护区内蒙古野驴的种群数量、群体数量组成及夏秋季的空间分布；采用粪便显微分析法，分析蒙古野驴夏秋季的食物组成和食性选择并与同域物种相比较；同时采用扫描取样法，观测蒙古野驴的主要行为种类及其实践分配。

2005—2007 年，对保护区野生动物进行监测，在栖息地适宜性、种群数量分布、食性分析、主要救助措施等方面进行更深层次的研究。

2006—2007 年，通过野外直接观察采样的方法，杨维康等研究了新疆卡拉麦里山有蹄类保护区鹅喉羚采食地特征。

2006 年 9 月至 2007 年 8 月，徐文轩等通过粪便显微分析法研究了新疆卡拉麦里山有蹄类野生动物自然保护区蒙古野驴的食性。

2007 年 6 月—8 月和 2007 年 11 月至 2008 年 1 月，初红军等对卡山自然保护区鹅喉羚夏季和冬季卧栖地选择进行了比较研究。

2007 年 11 月至 2008 年 1 月，初红军等利用样线法研究了阿尔泰山南部科克森山和卡拉麦里山盘羊冬季卧息地的选择性。

2007 年，徐文轩等对卡山自然保护区不同季节的鹅喉羚卧息地特征进行了研究。

2007 年秋季、冬季和 2008 年春季对卡拉麦里山有蹄类自然保护区内蒙古野驴、鹅喉羚及其同域分布的家畜采食地进行了野外考察、通过粪便显微分析法研究三者不同季节的食物选择的差异性、食性生态位重叠程度和其对卡拉麦里山有蹄类自然保护区的保护管理的启示。

2008—2011 年，对保护区国家级公益林进行分级、地方公益林进行区划，国家级公益林落界，使保护区森林管理更具科学性。对准东煤电开发对保护区野生动物影响进行调查，开展野生动物救助。

2008 年，张永军等对卡山自然保护区普氏野马放归区的水源现状及水质进行了分析。

2009 年，黄艳等通过秋季在新疆卡拉麦里山有蹄类野生动物自然保护区乔木希拜，系统采集了重引入普氏野马、蒙古野驴和鹅喉羚的新鲜粪便，运用粪便显微分析法研究三者的秋季食性及其食物生态位。

2011 年，林杰等以 2005 年以来在卡拉麦里山有蹄类自然保护区的野外调查数据为基础，在地里信息系统（GiS）支持下，以距水源点距离、坡度、植被类型和人类活动为评价因子，采用生境评价模型，对蒙古野驴的生境进行了适宜性评价。

2011—2013 年，王渊等利用红外相机陷阱技术在卡山自然保护区开展了狼的监测研究。

2013 年，董潭成等通过远红外相机对卡拉麦里山有蹄类自然保护区的鸟兽进行了监测。

2013 年 4—11 月，吴洪潘等通过在卡山自然保护区 13 处水源地布设 28 台红外相机，对蒙古野驴在荒漠水源地的全天候活动节律进行了调查。

2013 年 6 月，李春娥等在野外调查取样的基础上，研究卡拉麦里山有蹄类自然保护区西部沙漠准噶尔沙蒿群落物种组成和多样性特征，探讨群落与环境的关系并解释关键影响因子。

2014—2016 年，吉晟男等研究了不同道路类型对小型哺乳动物的影响。

以上所进行的科学考察及科研项目，都是与自治区内、外的多家科研机构、高等院校等单位通力协作完成。还有自治区各级领导、中科院院士、教授、西北五省野生动物保护委员会专家等到该区进行考察，指导工作。近年来，日本、西德、加拿大、美国等外国专家、学者、旅游人员也曾多次到此进行科考、参观、旅游等。

第9章 自然保护区评价

9.1 保护管理历史沿革

9.1.1 历史沿革

1982年以前，准噶尔盆地东缘，卡拉麦里山区域的管理处于无序状态。卡山自然保护区成立后，初步查明了资源现状，明确了重点保护物种和区域界限，积极开展各类宣传教育活动，加强了保护区的各项管理工作，开展了一系列科研调查活动，接待了多批中外专家、学者的观光和考察活动。

1982年，经新疆维吾尔自治区人民政府《对自治区林业厅、昌吉回族自治州<关于建立新疆卡拉麦里山有蹄类野生动物自然保护区的报告>的批复》批准建立新疆卡拉麦里山有蹄类野生动物自然保护区，保护区面积为14000平方千米，为自治区级野生动物类型自然保护区。

1983年，相继建立了卡山自然保护区昌吉管理站和阿勒泰管理站，为公社级（科级）事业单位，受林业厅和地、州双重领导，以林业厅为主。

1990年初自治区人民政府又将硅化木群、恐龙化石遗址，作为卡山自然保护区的资源交付给保护区进行管理，卡山自然保护区面积增加至18000平方千米。

1991年取得新疆维吾尔自治区人民政府〔1991〕第5号国有林权证，将保护区内18000平方千米土地划为国有林地，由保护区管理机构使用和经营。

2009年，新疆维吾尔自治区编办《关于部分自然保护区管理局（站）机构编制调整规范有关事宜的通知》，将卡山自然保护区原昌吉管理站和阿勒泰管理站机构规格升格为副县级。

2016年12月30日，新疆维吾尔自治区编办《关于设立自治区卡拉麦里山有蹄类野生动物自然保护区管理中心（自治区卡拉麦里山自然保护区野生动植物研究所）的批复》，对卡山自然保护区原阿勒泰管理站和昌吉管理站整合，成立了自治区卡拉麦里山有蹄类野生动物自然保护区管理中心，公益一类事业单位，规格为正县级，隶属于自治区林业厅。

2017 年 3 月，卡山自然保护区管理中心正式成立。

2005 年，根据区域经济发展的需要，新疆维吾尔自治区人民政府办公厅《关于同意调整新疆卡拉麦里山有蹄类自然保护区面积的复函》对卡山自然保护区面积予以第一次面积调整，调减面积 2100.42 平方千米。

2007 年，根据区域经济发展的需要，新疆维吾尔自治区人民政府《关于同意调整新疆卡拉麦里山有蹄类野生动物自然保护区面积的批复》对卡山自然保护区面积予以第二次面积调整，调减面积 1203 平方千米。

2008 年，根据区域经济发展的需要，新疆维吾尔自治区人民政府《关于同意调整新疆卡拉麦里山有蹄类野生动物自然保护区面积的批复》对卡山自然保护区面积予以第三次面积调整，调减面积 461 平方千米。

2009 年，根据区域经济发展的需要，新疆维吾尔自治区人民政府《关于调减卡拉麦里山自然保护区面积的批复》对卡山自然保护区面积予以第四次面积调整，调减面积 821.38 平方千米。

2011 年，根据区域经济发展的需要，新疆维吾尔自治区人民政府《关于同意调减新疆卡拉麦里山有蹄类野生动物自然保护区面积的批复》对卡山自然保护区面积予以第五次面积调整，调减面积 592.76 平方千米。

2015 年，新疆维吾尔自治区人民政府《关于同意调整卡拉麦里山有蹄类野生动物自然保护区功能区面积的批复》文对卡山自然保护区面积进行了第六次面积调整，调减面积 723.24 平方千米，新增面积 543.93 平方千米。

2015 年，自治区人民政府年下发《撤销关于同意调整卡拉麦里山有蹄类野生动物自然保护区功能区面积批复的通知》，要求阿勒泰地委、行署停止已撤销的第六次调整区域内的一切开发建设活动，恢复开发区域生态原貌。

2016 年，自治区人民政府下发《新疆维吾尔自治区人民政府关于进一步加强卡拉麦里山有蹄类野生动物自然保护区管理工作的决定》，就进一步加强卡山自然保护区管理工作做了安排部署。

2017 年，根据新疆维吾尔自治区人民政府《关于同意将喀木斯特工业园部分区域调回卡拉麦里山有蹄类野生动物自然保护区的批复》对卡山自然保护区面积进行了面积调整，新增卡山自然保护区面积 248.9 平方千米；根据新疆维吾尔自治区人民政府《关于研究协调推进卡拉麦里山有蹄类野生动物自然保护区相关整改工作的会议纪要》对卡山自然保护区面积进行了面积调整，新增卡山自然保护区面积 432.64 平方千米；根据新疆维吾尔自治区人民政府《关于撤销阿勒泰喀木斯特工业园区的批复》对阿勒泰喀木斯特工业园区予以撤销。

2018 年，根据新疆维吾尔自治区人民政府《关于报送新疆卡拉麦里山有蹄类野生动物自然保护区晋升国家级自然保护区意见的函》将已撤销的喀木斯特工业园区重新划入卡山自然保护区进行管理。至此卡山自然保护区面积 14856.48 平方千米，权属无争议。

9.1.2 法律地位

1982 年，新疆卡拉麦里山有蹄类野生动物自然保护区批准建立。

1983 年，相继建立了卡山自然保护区昌吉管理站和阿勒泰管理站。管理站为独立核算的事业单位，行政上隶属于阿勒泰地区行署和昌吉州人民政府管理，业务上受新疆维吾尔自治区林业局和阿勒泰地区林业局、昌吉州林业局管理。根据《自然保护区管理条例》及相关法律法规，对保护区内的野生动植物及其他资源进行统一管理。

1990 年，自治区人民政府将硅化木群、恐龙化石遗址，交付给保护区进行管理。

1991 年，取得新疆维吾尔自治区人民政府〔1991〕第 5 号国有林权证，将保护区内 18000 平方千米土地划为国有林地，由保护区管理机构使用和经营。

2017 年 5 月 27 日，新疆维吾尔自治区第十二届人民代表大会常务委员会第二十九次会议通过《新疆维吾尔自治区卡拉麦里山有蹄类野生动物自然保护区管理条例》，2017 年 7 月 1 日实施。

2018 年，根据新疆维吾尔自治区人民政府《关于报送新疆卡拉麦里山有蹄类野生动物自然保护区晋升国家级自然保护区意见的函》将已撤销的喀木斯特工业园区重新划入卡山自然保护区进行管理。至此卡山自然保护区面积 14856.48 平方千米，权属无争议。

9.1.3 管理机构与队伍

1983 年，相继建立了卡山自然保护区昌吉管理站和阿勒泰管理站，为公社级（科级）事业单位，受林业厅和地、州双重领导，以林业厅为主，管理站所需人员暂定事业编制 30 名。

2009 年和 2010 年，根据新疆维吾尔自治区机构编制委员会办公室《关于部分自然保护区管理局（站）机构编制调整规范有关事宜的通知》、阿勒泰地区机构编制委员会办公室《关于重新下达新疆卡拉麦里山有蹄类自然保护区阿勒泰管理站“九定”方案的批复》、昌吉州机构编制委员会《关于印发 <新疆卡拉麦里山有蹄类自然保护区昌吉管理站机构编制编制方案（修订）的通知>》，新疆卡拉麦里山有蹄类野生动物自然保护区阿勒泰管理站、昌吉管理站的机构规格升格为副县级，阿勒泰管理站编制调整为 27 名，昌吉管理站编制调整为 25 名。

2016 年，新疆维吾尔自治区机构编制委员会办公室《关于设立自治区卡拉麦里山有蹄类野生动物自然保护区管理中心（自治区卡拉麦里山自然保护区野生动植物研究所）的批复》，自治区将原卡山自然保护区昌吉管理站和阿勒泰管理站合并成立自治区卡拉麦里山有蹄类野生动物自然保护区管理中心，为县级公益一类事业单位，编制 34 名。内设办公室、野生动植物保护管理及疫源疫病监测科、林政资源及公益林管理科、卡山自然保护区野生动植物科学研究所、组织人事科、恰库尔图管理站、五彩湾管理站、喀木斯特管理站 8 个科室、站（所）。

9.2 保护区范围及功能区划评价

卡山自然保护区位于准噶尔盆地东缘，西起滴水泉、沙丘河，东至老鸦泉、北塔山，南到自流井附近，北至乌伦古河南 30 千米处。卡山自然保护区东西宽 117.5 千米，南北长 147.5 千米，地理坐标为东经 88° 30′～ 90° 03′，北纬 44° 40′～ 46° 00′，保护区面积 14856.48 平方千米。根据卡山自然保护区的性质、保护对象、保护类型、野生动物聚集区域及迁徙路线、人为经营活动特点及经营范围等因素，为便于保护区内动植物及其生存环境、生物多样性的保护、野生动物驯化与饲养、野生植物种植及其他各项科学研究的开展、区内多种经营、生态旅游及其他经营活动的有效进行，将保护区划分为核心区，缓冲区及实验区（保护区边界范围以及保护区核心区、缓冲区、实验区的边界坐标详见第 1 章小节 1.5 保护区范围及功能区划）。

本次科考调查对卡山自然保护区目前的各个功能分区以及两个利用调整出保护区的土地建设的工业园区（喀木斯特工业园、准东工业园）加大了调查力度。调查结果显示：

1. 卡山自然保护区与喀木斯特工业园区域（已调回保护区）

本次调查中，在卡山自然保护区内的样线总长度约有 2000 千米，共观测记录到了蒙古野驴数量为 1573 匹次，鹅喉羚 211 只次，平均每千米样线观测记录到蒙古野驴 0.79 匹次，鹅喉羚 0.11 只次；在喀木斯特工业园区域内样线的总长度约有 450 千米，共观测记录到了蒙古野驴数量为 780 匹次，鹅喉羚 91 只次，平均每千米样线观测记录到蒙古野驴 1.73 匹次，鹅喉羚 0.20 只次。从单位样线长度的调查观测记录来看，在喀木斯特工业园内的蒙古野驴、鹅喉羚的观察记录频率要远大于在卡山自然保护区内。由此可见在本季节（春季），主要有蹄类野生动物（以蒙古野驴为主要参照对象）在喀木斯特工业园区活动较为频繁，喀木斯特工业园区北部、西部、东部及散巴斯陶等处是蒙古野驴及鹅喉羚等有蹄类繁殖季节重要的栖息地，此处也是卡山自然保护区内野生动物栖息地适宜性最好的区域之一。因此工业园区中人为活动必须规范化，同时在野生动物繁殖季节等重要时间段要采取针对性的保护措施，降低对野生动物的生态影响，维护卡山自然保护区内生态系统的稳定和野生动物尤其是有蹄类动物种群的健康发展。在科学合理的规划下，未来可以通过保护区边界和功能区的调整，将 216 国道东西两侧的喀木斯特、散巴斯陶等处的部分区域纳入卡山自然保护区的范围，将蒙古野驴、鹅喉羚繁殖的重要场所纳入卡山自然保护区的核心区，在其周边设置缓冲区，作为野生动物种群的生态屏障。

2. 卡山自然保护区内各功能区域

本次调查结果显示：在卡山自然保护区内，春季至夏季蒙古野驴等有蹄类野生动物的主要分布区域位于卡山自然保护区北部及中部靠近 216 国道的区域（参见图 5.3、

图 5.13），这一区域在卡山自然保护区内主要属于保缓冲区以及实验区的范围。因为这一时间段是蒙古野驴、鹅喉羚等有蹄类野生动物进行繁殖的重要季节，所以本季的栖息地质量与外界干扰的强度对于卡山自然保护区内以蒙古野驴、鹅喉羚为代表的有蹄类野生动物种群的延续和发展有着至关重要的作用，因此在未来卡山自然保护区的功能区划调整过程中，建议将春、夏两季蒙古野驴、鹅喉羚等有蹄类野生动物的适宜栖息地以及主要分布区纳入重点保护区域，适当调整卡山自然保护区核心区、缓冲区以及实验区的范围与分布，完善卡山自然保护区的保护体系。

9.3 保护价值评价

9.3.1 多样性

卡山自然保护区为荒漠生态环境，自然植被划分为荒漠、草原 2 级，灌木荒漠、小半乔木荒漠、半灌木荒漠、小半灌木荒漠、多汁木本盐柴类荒漠、荒漠草原 6 个植被型，梭梭群系、白梭梭群系、沙拐枣群系、琵琶柴群系、驼绒藜群系、盐穗木群系、沙生针茅群系等 32 个群系，植被组成较为简单，类型较单调，分布较稀疏，共有种子植物 46 科、196 属、393 种。

卡山自然保护区内的动物区系体现了典型的中亚内陆类型的特点，共记录哺乳动物 38 种，分隶属 7 目 14 科，占新疆哺乳动物种数（154 种）的 24.67%，占全国哺乳动物种数（414 种）的 9.17%；共有鸟类 15 目 34 科 124 种，占新疆鸟类种数（453 种）的 27.4%，占全国鸟类种数（1435 种）的 8.6%。

9.3.2 稀有性

卡山自然保护区是以保护蒙古野驴、普氏野马、鹅喉羚等多种珍稀有蹄类野生动物及其生存环境为主的野生动物类型的自然保护区，有国家一级重点保护野生动物 13 种，国家二级重点保护野生动物 36 种，自治区一级重点保护野生动物 3 种，自治区二级重点保护野生动物 1 种，列入中国濒危物种红皮书有 16 种，列入世界自然与自然保护联盟（IUCN）的濒危物种《红皮书》有 11 种，列入濒危野生动植物物种国际贸易公约（CITES 公约）附录有 36 种。以上充分说明卡山自然保护区的荒漠生态系统及其物种的稀有性，其生态环境与生物多样性具有重大的保护与研究价值。

9.3.3 自然性

卡山自然保护区地处我国西北边陲，历史上人迹罕至，当地经济活动长期处于一种低水平的封闭状态，保护区是当地哈萨克牧民传统的冬牧场，每年约有 40 多万头家畜在此越冬，其他季节人为干扰活动相对较少，受人类影响程度较低。保护区内的荒漠植被群落结构简单，保存有连片面积较大、保存较为完好的天然梭梭灌木林和大量原生生物群落，是我国荒漠生态系统的自然本底，具有典型的自然性，是野生动植物物种的“天然基因库”。这主要得益于该区域人烟稀少，大部分区域长期以来交通不便，且该区域作为国家级生态公益林保护措施完善，天然灌木林很少遭受破坏。

9.3.4 典型性

卡山自然保护区是我国低海拔荒漠区域内为数不多的超大型有蹄类野生动物自然保护区，在保护区独特的荒漠生态环境，使生存栖息在这里的各种野生动物，不论在外部形态、内部器官结构、生理生化、生态习性和行为上都适应了环境的影响；并在相当长的一段时间内，经过漫长的自然演变发展，野生动物种群达到相对稳定状态，使保护区内的野生动物成为我国乃至世界范围内，荒漠动物区系的典型代表。

9.3.5 脆弱性

卡山自然保护区位于新疆准噶尔盆地东部，几乎覆盖了准东荒漠的中心。由于地理气候条件特殊、生态环境脆弱、生态系统结构较简单、植被覆盖率较低，基本上都在50% 以下，卡山自然保护区由超旱生、旱生的小乔木、灌木、半灌木以及旱生的一年生草本、多年生草本和中年生的短命植物等荒漠植物组成。由于其生态系统非常脆弱，承受外界的干扰能力也低，即使是小面积的破坏也可能导致区内物种的丧失及生态系统结构扰动，还有可能引起整个生态系统的失衡，一旦受到干扰、破坏将难以恢复。

9.3.6 面积适宜性

卡山自然保护区调整后的总面积为 14856.48 平方千米，根据《自然保护区工程项目建设标准》（建标 1995—2018），保护区规模为超大型；保护区范围涵盖了普氏野马、蒙古野驴、鹅喉羚等珍稀濒危荒漠有蹄类野生动物的大部分栖息地（包括繁殖地、越冬地、迁徙通道等）；卡山自然保护区的面积能满足普氏野马、蒙古野驴、鹅喉羚等主要保护对象生存安全所需的面积或活动空间，能有效地保护该区内荒漠生态系统的持续发展。

9.3.7 生态区位

卡山自然保护区位于新疆北部，阿尔泰山与天山之间，根据《全国生态功能区划（修编版）》确定了 63 个重要生态功能区。卡山自然保护区位于准噶尔盆地东部生物多样性保护与防风固沙重要区，包含 1 个功能区。卡山自然保护区是准噶尔盆地东部生物多样性保护与防风固沙功能区，生态区位十分突出，是我国西北最重要的荒漠生态系统和荒漠有蹄类野生动物保护区，同时具有防风固沙的重要生态功能。

9.3.8 经济和社会价值

卡山自然保护区地域广大，是我国唯一的荒漠有蹄类动物超大型自然保护区，是名副其实的“观兽天堂”。其得天独厚的自然地理条件、区位优势、丰富的珍稀物种是进行科研监测与科普宣教的理想场所。在卡山自然保护区内的科研监测活动，可以积累大量可靠、全面的监测资料和档案材料，为国家重点保护的有蹄类野生动物（普氏野马、蒙古野驴、鹅喉羚、盘羊等）的保护工作提供良好的基础数据和技术支撑，同时能够为我国自然保护网络的建设和管理做出贡献。随着保护区各项工程的建设和项目的开展，将吸引众多科研工作者与游人来此考察、游览，成为我国保护区发展历程与建设成果展示的一个重要窗口，一处理想的科普宣教基地。

9.4 主要保护对象动态变化评价

9.4.1 保护区有蹄类野生动物种群数量变化

1983 年 7 月对卡拉麦里山的蒙古野驴进行了航空调查，共见 73 群 358 匹。

1986 年 5 月保护区又对蒙古野驴栖息地进行了调查，见到的最大群有 103 匹。

2001 年 5 月对蒙古野驴的分布数量进行过调查，估计出种群数量为 2632 ~ 4200 匹。

2003 年 9 月进行保护区总体规划调查时，在卡拉麦里山北部的乔木希拜 45 千米路段内记录到 9 群蒙古野驴，每群都超 100 匹以上，最大群达 258 匹，总计有 1469 匹。

2005 年 9—10 月岳建兵、胡德夫等对卡山自然保护区蒙古野驴进行样线调查，估计数量为 4400 ~ 6068 匹。

2006 年 9 月至 2007 年 12 月初红军、蒋志刚、葛炎等用截线取样法调查保护区蒙古野驴数量为 3379 ~ 5318 匹，估算出鹅喉羚春季数量为 14286 头，夏季数量为 6628 头，秋季数量为 8337 头，冬季数量为 19677 头。

2011 年 4—5 月、8—9 月彭向前对卡山自然保护区蒙古野驴进行样线调查，估计蒙古野驴数量为 1592 ~ 2201 匹。

从以往数据表明，1983—2005 年蒙古野驴的种群数量在逐年上升（2003 年的数据因为仅为 1 条调查样线 45 千米，取样不完整，所以此数据不能作为蒙古野驴种群数量下降的依据。根据 2005 年调查得到的数据，说明这一阶段蒙古野驴数量也还是在增加的）；从 2005—2011 年蒙古野驴种群数量的变化趋势来看，蒙古野驴数量出现了显著的下降，而 2005—2011 年期间正是卡山自然保护区进行 5 次功能区划调整的时间段。保护区功能区划调整后，主要进行了准东工业园、喀木斯特工业园以及一些矿产、石油的勘探和开采等工作，这一时期蒙古野驴的种群数量的下降趋势，说明准东煤电煤化工产业开发和喀木斯特工业园区建设以及种矿产在勘探对卡拉麦里山蒙古野驴分布影响是明显的。

本次野外调查，观测记录到蒙古野驴的数量为 2360 匹次，估算得到的保护区内蒙古野驴数量为 2144 匹 ± 562 匹；观测记录到鹅喉羚的数量 302 只次；观测记录到盘羊 35 只次。在本次调查过程中，观测记录到的蒙古野驴的种群数量与 2011 年数据有所增加，这说明随着2011年卡山自然保护区最后一次区划调整的结束，在卡山自然保护区范围内的蒙古野驴种群出现急剧下降的过程后，稳定在一个相对较低的水平。同时蒙古野驴种群数量历年的增长幅度较小，这可能是因为保护区功能区划调整后，部分适宜栖息地被调整出保护区，而随着外界人为干扰活动（包括准东煤电煤化工产业开发、喀木斯特工业园区建设、种矿产在勘探以及放牧活动等）的增加，使保护区内适宜蒙古野驴的栖息地逐渐减少，其栖息地的生态环境容纳量和草场的承载力呈现饱和趋势，使卡山自然保护区内蒙古野驴种群的增长和恢复较为缓慢。卡山自然保护区内蒙古野驴种群数量变化的原因，需要长期的科研监测活动进一步确定，同时在卡山自然保护区的功能区划调整以及未来的规划建设中，也需要对蒙古野驴种群采取针对性的保护措施，以使其种群数量能够逐步提高。

9.4.2 影响因子分析

保护对象种群数量动态变化主要影响因子分为自然因素、适宜生境和迁徙通道三种：

1. 自然因素

卡山自然保护区属干旱内陆荒漠区，无地表水系分布，地下水储量少，水资源相对匮乏，也成为野生动物生存的重要制约因素。具体情况是附近保护区内共有14处裂隙水溢出形成的山泉，多为苦水泉，主要有德仁各里巴斯陶、塔哈尔巴斯陶、老鸦泉、散巴斯陶等泉，其中较大的为塔哈尔巴斯陶和喀姆斯特泉水。除泉水外，卡拉麦里山西北部有几个大的黄泥滩，如克孜勒日什黄泥滩，汇水面积164平方千米；喀腊干德黄泥滩，汇水面积92平方千米；乔木西拜黄泥滩，汇水面积100平方千米，还有老鸦黄泥滩和石磅坝滩等，这些黄泥滩渗透性能差，能汇集雨水和融雪水，尤其夏季可以汇集较多雨水于滩沟中，成为野生动物重要的天然饮水点，而这种饮水点的现状又不断受到气候的影响，可持续性较差，并且有时候冬季雪灾也会对其产生影响。

2. 野生动物适宜生境的减少

一方面，由于国家经济发展对资源的需求，近几年对西部地区矿产资源的勘探开发力度不断加大，与此呼应的是卡山自然保护区内石油及煤炭等矿产资源的勘探和开发的规模也在不断增大。矿产资源勘探和开发的直接影响表现在与野生动物竞争空间资源，使野生动物无法利用保护区内本来不多的水源点。间接影响则表现在道路和采矿点建设导致蒙古野驴生境破碎化。在卡拉麦里山以南从沙丘河起到将军庙一线以准东煤化工项目开发为主形成的工业开发带，使保护区野生动物主要栖息地缩减，一些饮水点也被人为阻断；同时煤矿在开发中产生许多噪声，如工业生产噪声、交通运输噪声、建设施工噪声等，还有附近配套的电厂的生产对当地的植被及牧草的生长破坏较大，野生动物栖息环境受到影响。

另一方面，卡山自然保护区是当地哈萨克牧民传统的冬牧场，有40多万头家畜在此越冬。家畜对蒙古野驴的影响主要表现在食物竞争以及栖息地的丧失。由于牧民占据了保护区中部植被条件好的草场，导致冬季蒙古野驴生境质量明显下降，适宜面积减少。为了获取维持生存的食物，蒙古野驴被迫离开适宜生境，迁移到保护区东北部、地势开阔的“黄泥滩”区域，采食假木贼等其他季节少量采食或不采食的植物。

3. 野生动物迁徙通道的阻滞

一方面，卡山自然保护区通往周边县市的路网发达、交通便利，卡山自然保护区境内有国道 216 线，在保护区内长约 164 千米，由南至北纵贯保护区。省道 228 线经将军庙、红柳沟、野马泉到二台。南北向的 S240 奇井公路（奇台—大井矿区）、S239 吉彩路（吉木萨尔—五彩湾）。准东公路：从保护区南部的五彩湾向东到将军戈壁将国道 216 线和省道 228 连接，其间将五彩湾、大井、将军庙三个主要煤电化矿区连接。新疆石油管理局准东勘探开发公司修建一条火烧山—彩南油田公路，其中在保护区境内约 40 千米。由火烧山向西，地方政府及有关部门修建有主干道 5 条，即奇台—青河（省道 228）、红柳沟—喀木斯特、野马泉—彩南公路标 21 千米处、五彩湾—自流井（水源路）。保护区野生动物巡护道路两条，长度 62 千米。国道 216 线 428 千米处至五彩城至国道 216 线 402 千米。主要用于普氏野马管理及其荒漠有蹄类野生动物保护及林地巡护使用。卡山自然保护区南部以外区域建有大黄山—将军庙铁路由南部的水源地进入保护区向东到将军戈壁，在五彩湾地区有准东北站，东边有将军庙站，长度 124 千米。各种道路建设人为地给野生动物的迁移造成隔离，特别有道路是封闭，未能考虑给野生动物预留迁移通道或通道太小不适合野生动物通过，给有蹄类野生动物了造成很大的影响。保护区内蒙古野驴、鹅喉羚，甚至普氏野马被过往汽车撞死的案例。国道 216 线将卡山自然保护区分成了东西两个区域，一定程度上限制了蒙古野驴种群的交流。沿卡拉麦里山南自东向西建设的准东公路、铁路，形成了隔离带，使野生动物冬夏季主要栖息地之间形成了隔离。冬季迁移到卡拉麦里山南越冬的大群蒙古野驴和鹅喉羚在铁路以南徘徊，夏季无法进入卡拉麦里山北水草较好的地区，还有阻挡周边地区种群迁入的可能。

另一方面，蒙古野驴和鹅喉羚是卡山自然保护区的优势有蹄类物种，在保护区内广泛分布。卡山自然保护区是目前蒙古野驴最大野生种群的重要栖息地，而鹅喉羚则是该区域内种群数量最大且分布最为广泛的有蹄类动物。鹅喉羚和蒙古野驴在保护区内活动范围和迁移路径相似，冬季一般在卡拉麦里山中南部沙漠中越冬，夏初移至卡拉麦里山和黄泥滩等区域繁殖育幼。夏秋季至卡拉麦里山北的草场，初冬时又回到卡拉麦里山南部。蒙古野驴主要分布在海拔 600 ～ 1000 米的地区，有明显的迁移现象，当某地的牧草减少或耗尽时便迁移至另一处，冬季降雪后，野驴向降雪较少，积雪较薄地区迁移。迁移受当地牧民转场影响，当大批牧民赶着家畜在保护区转场，受惊扰的野驴被迫迁移。蒙古野驴自然迁移一般始于 11 月底到 12 月初，此时往往形成松散的大群，数量可达 500 ～ 600 匹，向保护区西南部古尔班通古特沙漠和卡拉麦里山以南迁移，少部分留在卡拉麦里山以北的戈壁，碰上雪灾，采食困难容易死亡。每年 3 月初以后蒙古野驴向卡拉麦里山以北乌伦古河以南迁移，这也是牧民向夏牧场转移时节。原来栖息此地的有蹄类野生动物远离该区域，蒙古野驴和鹅喉羚的活动和迁移路线已经发生了一定的变化，逐渐远离国道和开发区干扰范围，据保护区多年的巡护及监测，在该区域野外已很少见到有蹄类野生动物在此地活动。该区域原有的有蹄类野生动物一部分向东向北塔山、东疆盆地方向迁移，另一部分向西准噶尔盆地腹地迁移。

因此各类道路等人类活动干扰，加剧了野生动物栖息地的分割与阻隔，对人为干扰敏感的蒙古野驴、鹅喉羚和狼、狐等夜行性食肉动物，将回避人类活动区域，改变觅食和活动路线。

9.5 保护区威胁因素调查及分析

9.5.1 保护区威胁因素

1. 自然因素

卡山自然保护区内自然威胁因素主要包括了极端天气（暴雪、冰雹、干旱、大风等）以及可能的地质灾害（地震等），自然威胁因素由于其不可预见性和不确定性，因此卡山自然保护区在自然威胁因素的处理上应该关注的是应急处置方案及相关配套设施设备的建设等。

2. 人为因素

卡山自然保护区内主要的人为影响因素包括了工业园区（喀木斯特工业园区）建设、道路交通（公路、铁路等）、油井等采矿活动、牧民放牧活动（冬窝子）等。具体的人为威胁因素主要为：G216 国道卡山段（总长约 130 千米）、喀木斯特工业园区及准东工业园区部分区域（1851.83 平方千米）、油井 284 处以及探矿点 203 个、冬窝子 23 处，以及原拟进行第六次调整的区域（欧骆石材生产区域等）。

9.5.2 威胁因素分析

1. 分析方法

根据以往科学研究中针对卡山自然保护区建立的栖息地适宜性分析模型和方法，以综合科学考察以及历年调查监测的野外调查数据为参考，以实地考察和记录的各类影响因素和位点为基础，在地理信息系统（GIS）支持下，以距水源点距离、植被类型和人类活动等要素为评价因子，设定评价权重，建立数据模型，对蒙古野驴等卡山自然保护区的人为干扰区域及主要保护对象栖息地进行分析，得到卡山自然保护区人为威胁要素影响区域。具体人为干扰区域及栖息地适宜性评价的步骤如下：

（1）分析卡拉麦里有蹄类动物的栖息地需求，明确影响有蹄类动物种群分布及行为的主要因素和辅助因素。

（2）根据分析要素收集、准备相应的地理数据（包括野生动植物种类及分布资料），建立各项影响因素的评价准则，并利用 GIS 的数据处理和空间分析功能，进行各单项因素的适宜性评价，对生境分布及变化进行空间分析。

（3）利用遥感反演确定适宜性生境的生态参量评价阈值。

（4）根据一定的评价准则借助 GIS 技术进行各单因素叠加分析进行生境综合分析与评价。

（5）根据结果对有蹄类动物栖息地适宜性做出评价。

2. 分析因子

在卡山自然保护区中，影响有蹄类动物栖息地适宜性的因素分为地理因子、生物因子和人类活动因子三大类：

（1）影响野生动物生境的地理因子有水源点分布、海拔、地形、坡度、坡向、隐蔽条件、气候等，根据调查卡拉麦里山自然保护区动物多选择在地形平缓、坡度在 20°以下平缓上升的山坡、台地、沟谷活动，坡度阈值设定为 0°～ 5°为适宜栖息地、5°～ 15°为次适宜栖息地、大于 15°为不适宜栖息地。此外研究区域海拔高度在 860 ～ 1280 米，落差不大，对动物活动几乎无影响，因此在卡山自然保护区有蹄类野生动物栖息地适宜性评价中另一主要因子则根据距离水源点的距离设定相应的阈值（距离最近水源点 15000 米以内、15000 ～ 30000 米、30000 米以上相应设定为适宜栖息地、次适宜栖息地和不适宜栖息地）。

（2）影响野生动物生境的生物因素有植被类型、可食植物丰富度、种间竞争等。植被类型是影响野生动物栖息地选择的重要生物因子，它是反映野生动物食物分布和隐蔽条件的指标，因此在进行栖息地适宜性评价中将根据卡山自然保护区主要植被分布设定相关阈值（例如针茅、梭梭等类型为适宜栖息地，驼绒藜等类型为次适宜栖息地，白梭梭、假木贼、麻黄等类型为不适宜栖息地）。

（3）人类活动因子主要包括各类道路、各类矿点及企业、相关的设施和建筑、放牧点、居民点（冬窝子）等，在进行栖息地适宜性评价中将根据距离各类人类活动点的距离设定相应的阈值（1200 米以内为有干扰、1200 米以上为无干扰）。

3. 分析过程

在评价过程中，以 ARCGIS 软件为工具，以评价准则为基础进行运算和分析。空间模拟和分析过程：分析各单因素的适宜性特征。将其分为适宜、次适宜和不适宜三个等级，再对物理因素与生物因素适宜性特征进行综合分析。先将水源点、坡度和植被类型等单因子因素按适宜、次适宜和不适宜分别赋值为 2、1、0，并赋以权重，水源点权重为 1，植被类型权重为 0.5，坡度权重为 0.75。然后将各因子相乘，并按所得结果重新分级。赋最大值为 2（适宜），0 仍为 0（不适宜），其余为 1（次适宜），计算并叠加得到潜在生境分布图；对人类活动干扰因素影响强度进行分析，确定人类活动影响强度的空间分布特征。先根据道路、固定冬牧点和矿点分布等获得保护区蒙古野驴等野生动物发现点离人类活动区的距离，然后将影响强度分别赋值为 0（强烈影响）、1（中等影响）、2（弱影响）、3（无影响），其中 0、1、2 三项均为有影响范畴。叠加分析 3 个因子等级图，以最小值作为人类活动影响的综合图；将潜在生境分布图和人类活动影响综合图进行叠加分析，得到卡山自然保护区内蒙古野驴等野生动物实际生境空间分布特征。

4. 分析结果

依据目前卡山自然保护区内威胁因子得到的人为干扰区域（不适宜栖息地）面积达 4027.32 平方千米。从图 9.1 上可以发现，卡山自然保护区内野生动物适宜栖息地斑块被各类人为干扰因素（不适宜栖息地）分隔形成的大大小小不同封闭或半封闭区域，栖息地破碎化程度较高。因此需要在未来卡山自然保护区的建设完善中针对该问题制定应对方案并严格落实各项保护管理措施。

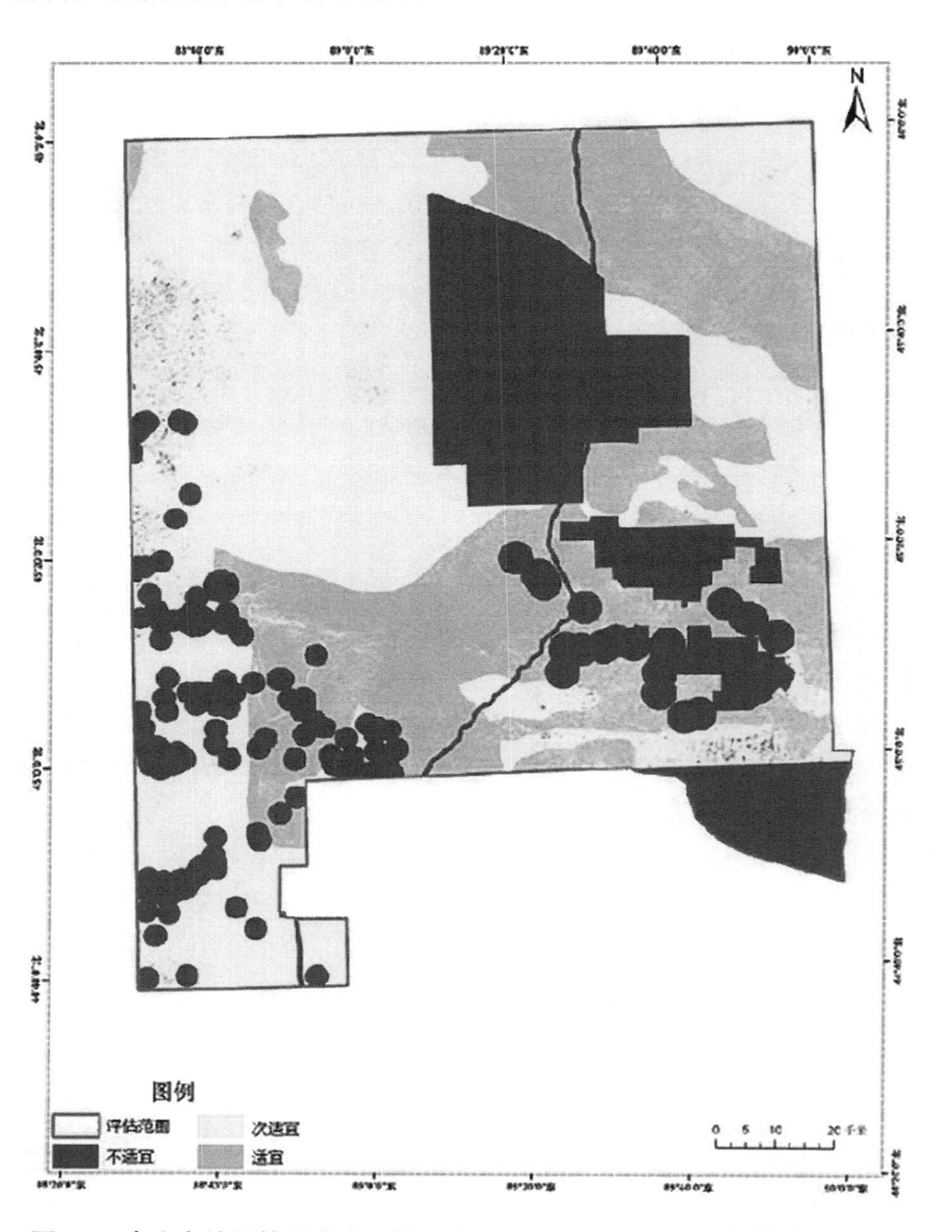

图 9.1　卡山自然保护区人为干扰区域（不适宜栖息地）及栖息地分析情况

9.6 管理有效性评价

9.6.1 管理建设成果显著

为保障卡山自然保护区发展总目标的实现，卡山自然保护区已经建立了有效的管理机构，分工明确，体制完善。已经成立的卡山自然保护区管理中心，内设办公室、野生动植物保护管理及疫源疫病监测科、林政资源及公益林管理科、卡山自然保护区野生动植物科学研究所、组织人事科、恰库尔图管理站、五彩湾管理站、喀木斯特管理站 8 个科室、站（所）。同时制定了严格的管理制度，坚持依法治区，广泛开展宣传教育工作，使保护区内的自然环境和自然资源得到了有效的保护，生物多样性水平保持稳定，尤其是区内的有蹄类动物种群数量逐年回升（图 9.2、图 9.3）。

图 9.2　卡山自然保护区边界标志

9.3　卡山自然保护区边界标志

卡山自然保护区管理中心树立了明确的建设目标：近期目标为着重加强保护区基础建设，重点进行生态修复工程、保护工程、科研监测工程、基础设施建设。用五年时间，建立起保护区完备的自然保护体系，保护、科研等各项工作顺利开展，卡山自然保护区初步实现生态系统完整、自然环境稳定的良性循环；远期目标为进一步完善基础设施、科技支撑体系，重点建设好珍稀动植物繁育中心、野生动植物监测线路；完善信息管理系统和监测系统；优化卡山自然保护区野生动物及其生态系统，创造良好的野生动植物生存环境，保护和扩大动物种群数量，确保自然生态平衡，实现保护管理科学化，科学研究现代化，宣传教育大众化，开发利用合理化，形成内涵丰富、管理高效的多功能、高效益的开放式自然保护区。

通过长期坚持不懈的保护和宣传教育，目前保护区内的管理建设成果显著，使保护区保护事业日益发展，蒸蒸日上，为最终实现人与自然和谐发展，人与动物和睦相处，将卡山自然保护区建设成“乐园—家园—基地—公园”的集合体打下了坚实基础。

9.6.2 管理体系初具成效

经过多年的建设，在卡山自然保护区原阿勒泰管理站和昌吉管理站的基础上，对以上 2 个管理站进行整合，成立了卡山自然保护区管理中心。其内设 5 个科室，建立了恰库尔图、喀木斯特、五彩湾 3 个管理站，形成了以卡山自然保护区管理中心为主体的完备的管理体系：

①卡山自然保护区管理中心始终把保护管理工作放在首位，有效地保护了保护区内的自然环境和生物资源。目前卡山自然保护区管理中心初步配备了专门的管理人员，具备了保护、管理的办公条件，但保护区的保护、宣教、交通、通信等基础设施比较落后，一定程度上限制了保护区职能的充分发挥。为了更好地发挥保护区的功能，今后还要更进一步完善保护区基础设施和设备。新疆维吾尔自治区政府颁布了《新疆维吾尔自治区卡拉麦里山有蹄类野生动物自然保护区管理条例》并实施，同时卡山自然保护区已经进行了功能区的划分，制定了相应的保护、管理措施。这些措施重点突出，目标明确，可以适应各功能区的需要。今后卡山自然保护区管理中心应重点加强科研、宣教和执法能力建设；加强保护管理的基础设施建设，改善工作、生活条件，让基层工作人员安心工作，热爱自然保护区事业。

②实行社区共管。卡山自然保护区内有部分越冬的牧民，保护区周边工矿企业，为提高资源保护的成效，卡山自然保护区要加强社区共建工作，让地方政府和周边单位、人员参与到卡山自然保护区的保护和管理工作中，共同协商，成立社区共管领导小组，帮助当地制定资源开发利用计划，引进先进生产技术，选择经济发展项目，进行自然保护区科普知识的宣传教育，贯彻生态保护理念，提高保护意识，使卡山自然保护区持续地发展。

9.6.3 社区共管能力提高

卡山自然保护区一直受到自治区人民政府以及自然资源厅、生态环境厅、自治区林业和草原局及各级地方政府的高度重视。与保护区有关的经济、国土、草原、能源、交通等各部门及周边社区协调一致，卡山自然保护区管理中心与富蕴县、福海县、青河县、奇台县、吉木萨尔县、阜康市人民政府、准东工业园区及新疆油田公司准东采油厂签订了共建共管协议，组建了共建委员会，开展卡山自然保护区共建共管工作机制。与其他部门关系友好，无地权及其他产权纠纷。多年以来，卡山自然保护区管理中心持续开展“以薪换绿”生态置换工作，免费给卡山自然保护区越冬牧民发放燃煤，解决因取暖樵采荒漠灌木的现象。

9.7 社会效益评价

9.7.1 建设科研监测科普宣教基地

卡山自然保护区地域广大、物种丰富，是我国有蹄类动物种群最大的地区之一，是名副其实的“观兽天堂”。其得天独厚的自然地理条件、区位优势、丰富的珍稀物种是进行科研监测与科普宣教的理想场所。在卡山自然保护区内的科研监测活动，可以积累大量可靠的、全面的监测资料和档案材料，为国家重点保护的珍稀濒危有蹄类野生动物（普氏野马、蒙古野驴、鹅喉羚、盘羊等）的保护工作提供良好的基础数据和技术支撑，同时能够为我国自然保护网络的建设和管理做出贡献。随着保护区各项工程的建设和项目的开展，将吸引众多科研工作者与游人来此考察、游览，因此作为一个我国保护区发展历程与建设成果展示的窗口，卡山自然保护区将起到一个很好的展示作用，凭借其独特的资源条件，从荒漠生态系统与有蹄类珍稀动物种群的保护等角度出发，成为一处理想的科普宣教基地。

9.7.2 提高保护区所在区域知名度

卡山自然保护区资源丰富条件独特，是我国有蹄类野生动物最大种群栖息地之一。随着其保护事业、科研及生态旅游等领域的发展，各类专家、学者、新闻工作者和游客都将纷至沓来。通过科考、探险、游憩、绘画、摄影、录像和宣传等活动，打造卡山自然保护区"观兽天堂"的品牌，并逐步扩大影响，成为全国乃至国际知名的品牌，这对提高卡山自然保护区及周边地区的知名度将起到重要作用。同时随着知名度的不断提高，保护区将引起社会上的广泛关注，对卡山自然保护区的珍稀野生动植物的保护和建设、发展等方面，起到的正面效益不可估量。

9.7.3 加强交流沟通提高管护能力

随着卡山自然保护区各项科学研究工作的不断深化和保护事业的发展，以及宣传教育工作的不断深入和知名度的提高，将进一步增加卡山自然保护区的对外交流活动，通过卡山自然保护区工作人员与国内外的学术交流。同时对工作人员增加专业技术的培训，增进与社区民众的沟通，将有效扩大人员交流，加速信息传递，会大大有利于引进人才、技术和设备，对尽快提高保护区工作人员的科学文化素质、提高管理和科研水平、繁荣自然保护事业有积极的推动作用，也将使卡山自然保护区得到进一步的发展。

9.7.4 增强环保意识促进生态文明建设

卡山自然保护区内特有的野生动植物、自然地质和人文景观资源，是边疆地区生态文明的展示平台，是一处理想的生态科普宣教基地。在遵循尊重自然、顺应自然、保护自然的这一自然规律上，开展科研、观赏、生态旅游等活动，可不断满足人们向往、回归大自然的愿望，满足人们日益增长的美好生活的需要。在此过程中，还可以提高人们对自然环境与野生动物保护工作的认识，增强人们对大自然了解，树立人们保护野生动物及其生境的重视和迫切的意识，进而唤起更多的公众对自然环境保护的支持，进一步推动自然保护事业的发展，还自然以宁静、和谐、美丽。

随着保护区宣传工作的加强，使更多的人自觉遵守国家和自治区有关自然生态保护的方针、政策、法律、法规，有利于社会安定和民族团结工作的开展，推动当地生态文明与精神文明的建设，规范周边社区影响保护区的人为活动，减少经济发展过程中对卡山自然保护区的影响。

9.8 经济效益评价

保护区总经济效益等于各类经济效益之和，即直接效益（包括实物与非实物的直接效益）与间接效益之和。直接效益价值包括实物直接效益和非实物直接效益。实物直接效益如材用植物、药用植物、林副产品等。非实物直接效益包括科研和文化效益、旅游效益等。间接效益有森林涵养水源效益、森林固定 CO_2 效益、土壤保护效益、野生动植物潜在效益等。自然保护区的间接经济效益要远远高于直接经济效益。自然保护区所具有的经济效益，不能简单地用直接经济指标来测算衡量，其产生的间接效益的经济价值是无法估量的。

9.8.1 直接经济效益评价

1. 实物直接效益

实物直接效益是指自然保护区内、实验区的资源合理开发利用与持续利用中为人类和社会提供的直接效益，是人们最容易感受到的自然资源，也是可以直接消费的市场产品。卡山自然保护区内可作为实物直接效益的资源是丰富的物种资源，卡山自然保护区动物种群结构较为复杂，种类繁多。在野生动物类群中，以适应干旱的种类占优势。据考察及资料记载，共有 4 纲 24 目 55 科 186 种野生动物，其中哺乳纲 7 目 14 科 38 种、鸟纲 15 目 34 科 124 种、两栖纲 1 目 1 科 1 种、爬行纲 1 目 6 科 23 种。保护区内还分布着几十种我国乃至世界范围内珍稀濒危的物种；其中被列入《国际贸易公约的濒危野生动物名录》CITES 中的有：附录 I 7 种，附录 II 29 种；被列入国家重点保护野生动物名录中一级 13 种，二级 36 种。卡山自然保护区虽处干旱荒漠区，但在独特的气候环境影响下，也生长着多种植物。保护区内植物资源较丰富，是地处欧亚大陆腹地中一块得天独厚的荒漠区自然资源宝库。

其中作为实物直接效益的各种资源有：药用动植物，卡山自然保护区内的野生动物，有许多种类兼有滋补健身、医治疾病的功能。如一些小型兽类的粪便是重要的药物，草兔类的粪便（称望月砂），鼠兔类的粪便（称草灵脂）均可入药。有一些大型兽类，如狼等其肉骨均为上等的药材；林副产品，主要是野生蔬菜、食用菌、野生纤维、香料植物、观赏植物等。

2. 非实物直接效益

非实物直接用途是人类利用自然保护区的美学价值、娱乐价值、文化价值和社会影响价值所产生的直接经济效益。即人类对保护区内自然资源所提供的服务的利用，这些资源能够看得见，且能产生直接的经济效益和良好的社会效益。目前卡山自然保护区内可产生非实物直接效益的基础就是这里独特的自然景观：准噶尔盆地由于经过亿万年的沧桑巨变，大自然赋予东准噶尔这片神奇的土地奇特的地貌并遗留下极珍贵的硅化木、古海洋生物化石、恐龙化石、魔鬼城、五彩湾等自然遗迹，以及普氏野马、蒙古野驴、鹅喉羚等有蹄类动物及其他多种珍贵濒危的荒漠动植物。特别是五彩湾温泉可达到扩张血管、促进血液循环、促进新陈代谢、灵活肢体的作用，对风湿性关节炎、关节僵硬、肌肉瘫痪、动脉硬化等有显著疗效，近年来游客数量急剧增加。

卡山自然保护区内自然资源丰富、风光独特，种群庞大的野生动植物既是丰富的旅游资源，也具有很高的美学价值和文化价值，尤其是本地区生态旅游、拍摄电影和电视、摄影、绘画的理想场所，每年均有到卡拉麦里山拍摄外景的人员。同时卡山自然保护区还可以作为教学实习和科学研究的场所，吸引各个大专院校学校到保护区进行毕业综合实习和课程实习等，对每个学生实习和研究生论文的贡献将产生巨大效益。随着卡山自然保护区生态旅游等活动的增加，来此的国内外游人的旅游费用支出，包括交通、食宿和门票等，也将是一笔巨大的直接经济效益。

9.8.2 间接经济效益评价

间接经济效益是保护区的生态学功能所带来的社会效益和环境效益，这些生态学功能在维持人类经济活动和创造人类社会福利方面发挥了重大作用。生态学功能不是直接的用途，不能被人类直接消费，但有巨大的间接用途。

自然保护区总体规划的实施所带来的间接经济效益也是十分巨大的。生态环境的改善，草场承载力的增加，野生动植物种群的扩大对整个环境的影响，都有着潜在的经济效益，也就是间接经济效益。卡山自然保护区发展旅游业和多种经营，可以为保护区内和周边地区的群众提供大量的就业机会，优化就业结构，有利于社会安定和群众生活水平的提高，有利于促进保护区社区共管的良性循环。通过引导、扶持社区经济发展，建立保护区和周边社区联合运行的经营机制，保护区的建设发展不仅进入良性循环，同时也为周边社区的发展注入活力，从而实现和谐发展。同时也为投资经营者创造了良好的投资环境，对促进保护区及周边地区的经济腾飞具有重要的意义。卡山自然保护区的建设和发展对周边社会乃至于阿勒泰地区、昌吉州的经济发展也具有不可估量的拉动力，也为周边社会提供了广阔的就业前景。

9.9 生态效益评价

生态效益是保护区的生态学功能所带来的社会效益和环境效益，这些生态学功能在维持人类经济活动和创造人类社会福利方面发挥了重大作用。生态学功能不是直接的用途，不能被人类直接消费，它是一种巨大的潜在的间接用途。卡山自然保护区是以保护蒙古野驴、新疆野马（普氏野马）、鹅喉羚等多种珍稀有蹄类野生动物及其生存环境为主的野生动物类型的自然保护区，是我国低海拔荒漠区域内为数不多的大型有蹄类野生动物自然保护区，是野生动植物物种的“天然基因库”，是我区从事生态研究和生态监测的理想基地，也是展示我国尤其是边疆地区多年生态文明建设成果的重要平台，其生态区位和物种多样性无法替代，具有重要的干旱区基因保护价值、生态价值、科研价值。未来卡山自然保护区的建设和发展，也将使区内的自然生态系统、珍稀动植物资源得到有效的保护，对维持其生态系统的完整性、稳定性、生态过程的自然性等方面的作用是无法估量的。

9.9.1 保护珍稀野生动物种群

保护生物多样性与生态环境的稳定，是目前党和国家最关注的方向之一。卡山自然保护区是荒漠区域的一个巨大的动物“资源库”。保护区在动物地理区划上属古北界—中亚亚界—蒙新区—西部荒漠亚区—将军戈壁州和古尔班通古特沙漠州，这里野生动物群落结构较为复杂，种类繁多有 186 种，隶属 4 纲 24 目 55 科。保护区内以有蹄类动物为代表，如普氏野马、蒙古野驴、鹅喉羚（图 9.4、图 9.5）等，在拯救、保护珍稀濒危有蹄类野生动物中发挥着重要的作用。

保护区内的野生动物资源，在生态基因和生理特征有许多比家畜不寻常的优越性，在改良家畜品种方面和研究家畜起源、进化、品种形成和改良上有重要的意义。丰富的荒漠动物资源，贮存了遗传多样性，因此保护区又是一个巨大的动物物种资源的天然“基因库”，为人类进行各种科研活动提供了宝贵材料。通过自然保护和科研规划的实施，将扩大动物种群数量、增加植物群落结构的多样性，使生态系统更为完整，通过绝对而有效的保护使生态系统的生态过程处于自然状态。由此可见，保护区具有重要的基因保护价值、生态价值和科学研究价值。

图 9.4 卡山自然保护区内的鹅喉羚

图 9.5 卡山自然保护区内的鹅喉羚

9.9.2 维护荒漠生态系统稳定

卡山自然保护区位于准噶尔盆地中东部，这里极度干旱少雨，自然条件较为严苛，其生态系统一旦受到干扰或破坏，将产生不可逆转的损失，因此保护好这里的生态系统是卡山自然保护区最为重要的一项工作内容。卡山自然保护区内的荒漠是由古地中海植物区系经过第三纪、第四纪的旱化过程发展而来的成分所组成，这里独特的生态环境的基本特征，决定了其荒漠植被水平地带性质及分布的广泛性。卡山自然保护区植物组成虽然简单、类型单调、分布稀疏，但具有整体的生态效益。不但给保护区内野生动物提供了生存所需的食物来源和隐蔽场所，而且在防风固沙、减缓土地沙化起着重要作用。另外保护区内有多种典型的荒漠植物种类，经过长期的综合因素的作用下，使它们具有独特的生态学特征和经济价值。保护区内分布着近十几种珍稀濒危的荒漠植物，它们不仅具有很高的药用价值，而且在科研和食用方面都有很大的开发潜力。同时卡山自然保护区内的灌木林地面积达到 2094.01 平方千米，这些灌木林地在防风固沙、保护土壤、调节气候、营养循环、保护野生动物植物、减少森林病虫害、固定 CO_2、放出 O_2，降解污染等多个方面都具有重要意义，并对资源质量和数量起着重要增值作用。

9.9.3 展现独特自然景观风貌

作为我国荒漠生态系统的典型代表，卡山自然保护区内具有独特的自然景观，其地文、天象、生物景观等都具有巨大的观赏价值。卡山自然保护区内及周边的很多旅游资源，如“五彩湾”“魔鬼城”“硅化木”等，均因其独特的地貌和荒漠生态环境而得名。同时卡山自然保护区是以卡拉麦里山及低山系和丘陵地带为核心部分。这里由风蚀垄脊、土墩和风蚀沟槽及洼地形成的地貌组成称之为“雅丹”地貌。在距今约 1 亿年的白垩纪时期，这里是准噶尔古湖的边缘带，经过长期的地质作用下，形成了今天独特的大漠景观，甚为壮观。而作为名副其实的“观兽天堂”，在卡山自然保护区内，规模宏大的有蹄类野生动物种群构成的生物景观更是在我国难得一见的奇景，卡山自然保护区作为这些景观的有效载体，在展现独特的自然景观风貌方面能够发挥巨大的生态效益与价值。

9.10 存在问题及对策

9.10.1 人为活动干扰

1. 工业园区建设造成动物栖息地减少

近年来，随着保护区周边经济开拓强度加大，特别是石油、煤矿、石材等开发活动，已形成卡拉麦里山南部以准东煤电煤化工产业为主的开发建设及工业开发带，对野生动物的生存环境带来了严重的影响。随着开发建设的强度增大，其阻隔的程度也会加大，对野生动物冬夏季主要栖息地之间形成了隔离，导致野生动物主要栖息地缩减；在开发中建设中，工业园区的建立，加之煤炭产业开采、道路建设以及配套服务设施建设及相关企业单位的建设和入住，对当地的植被及牧草的生长破坏较大。以上这些因素都会对野生动物产生严重的影响，其影响结果从实际调查中也得到了一定的证实。从保护区近 5 年野外监测表明，开发建设区域原有的有蹄类野生动物的栖息地已基本丧失，导致野生动物的主要栖息地大为缩减，饮水点也被人为阻断。

2. 道路建设对保护区动物形成了隔离

铁路、公路建设中对保护区的隔离影响较严重，虽然在道路建设中考虑包括野驴在内的野生动物的通行通道，但是道路穿行保护区，即在保护区人为形成了隔离带。同时，交通运输车辆的噪音，导致动物远离栖息区域，在秋季有大群蒙古野驴和鹅喉羚在卡拉麦里山徘徊，使其迁徙受到了很大的影响。虽然通过模型分析结果已知蒙古野驴在增长，但这种增长是相对减弱的。而且这种增长除保护区内原有种群繁衍增长外，还有周边地区种群迁入的可能，因为野驴擅长奔跑，活动范围大，在环境变化的情况下远距离迁移是可能的。

3. 牧业生产对保护区动物的影响较大

卡山自然保护区是当地哈萨克牧民传统的冬牧场，有 40 多万头家畜在此越冬。家畜对蒙古野驴的影响主要表现在食物竞争以及栖息地的丧失。由于牧民占据了保护区中部植被条件较好的草场，导致冬季蒙古野驴生境质量明显下降。为了获取维持生存的食物，蒙古野驴被迫离开适宜生境，迁移到保护区东北部、地势开阔的“黄泥滩”区域，采食假木贼等其他季节少量采食或不采食的植物。

9.10.2 自然环境严酷

1. 水资源相对匮乏，也成为野生动物生存的重要制约因素

保护区属干旱内陆荒漠区，区内无地表水系分布，地下水储量少，水资源相对匮乏，这成为野生动物生存的重要制约因素。具体情况是附近保护区内共有 14 处裂隙水溢出形成的山泉，多为苦水泉，主要有德仁各里巴斯陶、塔哈尔巴斯陶、老鸦泉、散巴斯陶等泉，其中较大的为塔哈尔巴斯陶和喀姆斯特泉水，一般泉水流量 2 ～ 120 立方米 / 年。矿化度为 3.8 ～ 12.7 克 / 升。除泉水外，卡拉麦里山西北部有几个大的黄泥滩，如克孜勒日什黄泥滩，汇水面积 164 平方千米；喀腊干德黄泥滩，汇水面积 92 平方千米；乔木希拜黄泥滩，汇水面积 100 平方千米；还有老鸦黄泥滩和石磅坝滩等，这些黄泥滩渗透性能差，能汇集雨水和融雪水，尤其夏季可以汇集较多雨水于滩沟中，成为野生动物重要的天然饮水点，但是这种饮水点不断受到气候的影响，可持续性较差，并且有时候冬季雪灾也会对其产生影响。

2. 自然环境的严酷也对野生动物生存造成不小的影响

多年来卡山自然保护区冬季都有持续的降雪、降温以及大风天气，因此卡山自然保护区的积雪不仅厚重，而且坚硬，给这里的野生动物觅食带来非常大的困难，每年都有大批野生动物冻伤或死亡。卡山自然保护区是荒漠草原，经常会发生罕见的旱灾，导致整个保护区草的长势不好，使得牧民放牧的家畜与保护区的野生动物争食草。下大雪带来的另一个严重后果是，本来就极为稀少的植被被雪覆盖，野生动物觅食更加困难。保护区每年都要采取积极的措施保护这里的野生动物，保护区仅靠自身能力无法保护现有野生动物不受灾害天气的影响，所以经常采取社会求助方式保护野生动物。

9.10.3 保护对策

根据卡山自然保护区野生动物种类与资源现状，综合有效保护对象的生态环境要求和承载力，对其实施保护对策如下。

1. 抵制人为干扰方面

（1）对于工业园区以及采矿等人为干扰活动对野生动物栖息地造成的影响方面

应从整体上考虑所在地区的工业建设和生态建设，从全面协调可持续发展的角度来对卡山自然保护区进行科学划分保护。依据新疆维吾尔自治区人民政府发布的《关于进一步加强卡拉麦里山有蹄类野生动物自然保护区管理工作的决定》，恢复卡山自然保护区面积和功能分区，严格执行《撤销关于同意调整卡拉麦里山有蹄类野生动物自然保护区功能区面积批复的通知》，停止已撤销的第六次调整区域内的一切开发建设活动，恢复开发区域生态原貌。2017 年 9 月 2 日，新疆维吾尔自治区人民政府《关于撤销阿勒泰喀木斯特工业园区的批复》对阿勒泰喀木斯特工业园区予以撤销。

制定卡山自然保护区中长期保护发展规划，积极推动卡山自然保护区立法工作，出台了《新疆维吾尔自治区卡拉麦里山有蹄类野生动物自然保护区管理条例》等相关法律法规，依法加强对卡山自然保护区的监督和管理，加强对已调出保护区区域的人为活动的监管，对保护区周边人为活动区域进行限制，在进行科学、合理的功能区划调整后，对保留在保护区周边的矿区、厂区及产业园区设置围栏，减少人为活动对野生动物的干扰和生存环境的破坏。积极采取生态恢复措施，改善野生动物栖息地的现状。全面清理卡山自然保护区内的开发建设活动。依法依规专项整治保护区内违法违规采矿活动，坚决取缔非法开采行为。立案查处检查中发现的未办理相关手续的企业，对于造成生态破坏的企业，按照“谁污染、谁负责，谁破坏、谁治理”的原则，责令企业限期做好卡山自然保护区内相关区域的生态修复治理工作。

（2）对于道路阻隔等形成野生动物隔离障碍方面

要加快野生动物迁徙通道建设，拆除了保护区内阻碍野生动物迁徙的围栏和围网等设施，开通野生动物通道，恢复保护区内野生动物栖息地的完整性。规划建设的高速公路和铁路沿线要布设符合野生动物迁徙要求的廊道，切实保障卡山自然保护区有蹄类荒漠野生动物的自由迁徙。由政府相关职能部门从保护区里的主干道路建设按规定缴纳征收一定的生态环境补偿基金，用于野生动物的繁殖保护以及生态系统的破坏修复。已划定的产业园区周围要建立生态恢复区，建设生态迁徙走廊，统一纳入保护区管理建设范围。从野生动物保护角度和项目建设单位之间进行进一步的协调沟通，以使开发建设和自然保护协调发展，如：可以在已建成的公路及铁路的一些路段补修一些野生动物迁移的通道等。在各种建设工程当中要采取保护及补救措施使保护和建设两方面能达到一定的协调与平衡，实现有效保护前提下的建设与发展。

（3）在放牧活动对野生动物造成影响方面

由于地理位置、历史传统的特殊性，无法完全禁止当地的少数民族游牧民进入保护区越冬放牧，当地政府可以通过一定的限牧、禁牧措施，逐步实施退牧还草，例如在蒙古野驴、鹅喉羚等野生动物种群的繁殖以及越冬等时间段，依据其当时所需要的重要栖息地，划定一定的严格保护空间，在这一时间段和这一空间范围内，严禁各种放牧措施和人为干扰活动，为野生动物的生存繁衍与种群发展提供栖息环境与生存空间。

在对游牧活动进行规范和控制的同时，卡山自然保护区还可以依托自身的地缘优势和生态优势开展一些针对野生动物保护的其他有益工作。主要开展生态旅游、教学实习、野外生存训练等活动，让公民了解野生动物的生存现状，以生态文化建设来扩大保护野生动物的影响，充分发挥公民和保护区的互动保护意识，在服务地方经济社会发展的同时形成环境友好型的发展局面。

（4）要加强保护区法制建设与管理能力

依据新疆维吾尔自治区人民政府发布的《关于进一步加强卡拉麦里山有蹄类野生动物自然保护区管理工作的决定》中的指示，昌吉回族自治州、阿勒泰地区和各有关部门要严格执行《中华人民共和国森林法》《中华人民共和国野生动物保护法》《中华人民共和国森林法实施条例》《中华人民共和国自然保护区条例》《新疆维吾尔自治区自然保护区管理条例》等相关法律法规，禁止在卡山自然保护区核心区、缓冲区开展任何开发建设活动，禁止建设任何生产经营设施；在实验区不得建设污染环境、破坏自然资源或自然景观的生产设施，确保卡山自然保护区现有的濒危野生动植物得到全面保护。在实验区已经建成的设施，若其污染物排放超过国家和地方规定的排放标准，应当限期治理；造成损害的，必须采取补救措施。依法加强监督执法力度，加强执法检查，对卡山自然保护区各类环境违法违规行为零容忍，依法从严查处，并追究有关人员责任，不搞“下不为例”。

自治区发改委、财政及有关部门要将卡山自然保护区建设发展纳入年度经济社会发展规划，保障卡山自然保护区基建、管护、科研、宣教和监测经费；将卡山自然保护区管理人员日常工作经费纳入同级财政预算内解决；建立跨行政区域的统一管理体制，同时可以设立新疆卡山自然保护区野生动物研究机构，配备科研仪器设备，引进野生动物保护专业人才。未来在国家加大对保护区建设的投入后，可以规划建设卡山自然保护区荒漠有蹄类野生动物生态定位站和卡山自然保护区野生动植物博物馆等，开展保护区野生动物科研工作，引入远程监控和无人机监测；建立信息平台，健全信息沟通共享工作机制，实现保护区各管理部门间信息共享。

2. 适应自然环境方面

（1）针对卡山自然保护区内水源匮乏的问题

可以加强野生动物饮水点建设，根据荒漠有蹄类野生动物的生活习性，在卡山自然保护区内动物迁徙通道两侧、野生动物栖息地建设人工饮水点，定期输水，确保野生动物饮水安全。加强水源地的保护，禁止以任何理由占用野生动物水源地；在保护天然水源地的基础上，开展人工水源地的建设，这项工作在保护区工作人员的努力下正在开展，在保护区南部有自流井 8 口等水源地，为该区域的野生动物提供了有利的生存条件。同时要加强野生动物救护站点设施建设，在卡山自然保护区内的重点保护区域建设冬季野生动物救护基地。在牧民越冬放牧地与野生动物的冬季栖息地重叠区域，采取禁牧措施，确保该区域野生动物安全越冬。

（2）保护区内的野生动物的具体保护措施上

①就地保护，在物种原产地采取各种有效保护措施，保证其种群长期延续与发展。以自然保护区为依托，采取严格禁猎，排除人群干扰，恢复退化的生态环境与被扰乱的生态系统，保持生物多样性组成的相对稳定性，为珍稀濒危物种的生存与种群繁衍，提供稳定的生存空间。以保护区为范例，通过生态示范与法制教育，带动周边地带野生动植物保护管理工作，为珍稀濒危野生动物生存繁衍，提供更为广阔的回旋空间。加强对保护区及其周边地带珍稀濒危野生动物生存状况的监测研究，为制定物种保护对策与应急措施提供充分的科学依据。

②迁地保护，珍稀濒危野生动物保护的辅助手段，有时还是其唯一途径。其中有代表性的就是普氏野马野放工程。卡山自然保护区广泛分布的普氏野马，在欧洲通过迁地保护保存了驯养种群，通过种源再引进，扩大繁育，为实施为准噶尔盆地野生种群重建等提供了可能。下一步是加快对赛加羚的再引进，以期恢复赛加羚的野外种群。结合有蹄类动物驯养繁殖，对驯养种类的食性、生长繁殖、行为生态、疫病等进行系统的观察研究，使珍稀濒危野生动物在驯养地得以繁衍，并力求保持其野生特性与遗传多样性，为野生种群的恢复与重建提供种源保证。

③跨国界保护，卡山自然保护区与蒙古野驴的另外一个集中分布区——蒙古戈壁B保护区相邻。Kaczensky 等（2011）的研究结果表明，蒙古戈壁 B 保护区与中蒙边境地区野驴种群存在种群交流，而边境铁丝网的存在阻断了这种交流。因此我们建议两国相关部门加强合作，拆除部分荒漠有蹄类迁移路线上的边境围栏或建设野生动物通道，建立跨国自然保护区，以保障蒙古野驴正常的迁徙活动，恢复其种群基因交流。

9.11 保护区综合价值评价

9.11.1 卡山自然保护区是开展有蹄类动物研究的重要基地

卡山自然保护区保存有丰富的动物资源，珍稀濒危物种普氏野马、蒙古野驴、鹅喉羚、盘羊和生物群落赖以生存的环境，为开展各个学科的科学研究提供了得天独厚的基地和天然实验室，其研究领域不仅包括生态学、生物学方面，还包括经济学及社会学方面。尤其在研究有蹄类动物野生种群的变化规律、古气候变化、植物变迁和区系演变的研究和生态监测等方面，具有较高的研究价值。卡山自然保护区近几年来一直在开展普氏野马的野化放归和蒙古野驴等有蹄类动物的监测活动，说明该区域比较适合有蹄类动物生存，具有适宜的栖息地，是开展有蹄类动物研究的重要基地，也是开展有蹄类动物野生种群监测、栖息地评价和恢复、有蹄类动物野生种群恢复良好场所。保护区的建立对保护研究普氏野马这一世界濒危物种具有重要意义，普氏野马的野化放归项目的实施也有利于提升我国在国际社会的国家形象。

9.11.2 卡山自然保护区是保护荒漠生态系统和生物多样性的天然实验室

卡山自然保护区由于其特殊的自然地理条件，使之成为新疆维吾尔自治区荒漠生态环境的典型区域。在受特殊的环境因素和长期自然界作用力的影响下，使保护区形成了特殊的地貌景观，并生长和栖息着多种荒漠植物与野生动物。卡拉麦里山有蹄类自然保护内野生脊椎动物共有 4 纲 24 目 55 科 186 种，占阿勒泰地区野生脊椎动物物种总数（354 种）的 52.54%，占新疆野生脊椎动物物种总数（770 种）的 24.16%。保护区中哺乳纲有 7 目 14 科 38 种；鸟纲有 15 目 34 科 124 种；爬行纲有 1 目 6 科 23 种；两栖纲有 1 目 1 科 1 种。保护区具有的动物种类多样，种群数量巨大，种类繁多，共有 186 种，其中国家一级重点保护野生动物就有 13 种，国家二级重点保护野生动物 36 种，有许多是本区的特有种。保护区内以大型有蹄类动物为代表，如普氏野马、蒙古野驴。它们在生态基因和生理特征有许多比家畜不寻常的优越性，在改良家畜品种方面和研究家畜起源、进化、品种形成和改良上有重要意义。丰富的荒漠动物资源，贮存了遗传多样性，因此保护区又是一个巨大的动物资源物种的天然“基因库”，为人类进行各种科研活动提供了宝贵材料。

9.11.3 卡山自然保护区是进行宣传教育的自然博物馆

卡山自然保护区是宣传国家自然保护方针、政策的自然课堂，特别是在针对有蹄类野生动物的保护方面，其宣传对象是当地广大干部、群众和进入保护区参观的国内外公众。宣传内容主要包括国家有关自然保护的法律、条例、政策和有关积极保护事例，示范宣传资源保护与持续利用的积极意义。卡山自然保护区也是开展文化教育的天然课堂和实验场所，可接纳大专院校、中、小学生实习和参观，尤其是生物学、地理学等专业的学生。青少年通过实践，亲身体验，可以丰富生物、生态、地理、资源保护和利用等方面的知识。

9.11.4 卡山自然保护区可以作为资源合理利用的示范

建立自然保护区的目的，并不是为了单纯的保护该地区，而是为了在实现有效保护的前提下，合理利用自然资源。合理利用保护区内的自然资源，可以实现以区养区，实现保护区的可持续发展，同时成功的模式可以为其他地区合理利用自然资源提供指导和借鉴。卡山自然保护区内具有丰富的自然资源与独特景观，是我国的“观兽天堂”和典型荒漠生态系统的代表。卡山自然保护区可以通过对功能区的优化，以及未来科学合理的规划建设，对遭到破坏和干扰的自然环境与景观进行恢复完善，提高各种珍稀野生动物的种群数量，以此为基础开展生态旅游等活动，在保证卡山自然保护区自然资源得到有效保护的前提下，发挥其科普宣教、利用示范等重要作用。

参考文献

[1] 陆平，严赓雪 . 新疆森林 [M]. 乌鲁木齐：新疆人民出版社，1989: 14-17.

[2] 中国科学院新疆综合考察队 . 新疆植被及其利用 [M]. 北京：科学出版社，1978: 65-67.

[3] 吴征镒 . 中国植被 [M]. 北京：科学出版社，1995: 23-25.

[4] 阿不力米提 . 新疆哺乳动物的分类与分布 [M]. 北京：科学出版社，2003: 58-59.

[5] 阿布力米提 · 阿布都卡迪尔，孙铭娟，邵明勤，哈纳斯国家级自然保护区兽类区系与分布特征 [J]. 干旱区研究，1999, 16(2): 25-30.

[6] 周永恒，周斌，林宣龙，等 . 新疆鸟类名录 [M]. 乌鲁木齐：新疆科学技术出版社，2009: 32-37.

[7] 毕俊怀 . 我国蒙古野驴（*Equus hemionus*）资源现状及其若干生态问题研究 [D]. 北京：北京林业大学，2007.

[8] 陈华豪 . 有蹄类数量调查方法的讨论 [J]. 野生动物，1989, 52(6): 17-21.

[9] 陈华豪，常虹 . 哺乳类动物数量调查中的截线抽样法与逆向截线法 [J]. 兽类学报，1987, 7(1): 58-66.

[10] 楚国忠，梁崇歧，阮云秋，等 . 卡拉麦里山有蹄类野生动物保护区野驴的夏季栖息地及种群数量 [J]. 动物学报，1985, 31(2): 178-186.

[11] 初红军，蒋志刚 . 葛炎等卡拉麦里山有蹄类自然保护区蒙古野驴和鹅喉羚种群密度和数量 [J]. 生物多样性，2009, 17(4): 414-422.

[12] 初红军，蒋志刚，蒋峰，等 . 鹅喉羚夏季和冬季卧息地选择 [J]. 动物学研究 2009, 30(3): 311-318.

[13] 初红军，蒋志刚，兰文旭，等 . 蒙古野驴、鹅喉羚和家畜的食物重叠 [J]. 动物学报，2008, 54(6): 941-954.

[14] 初红军，蒋志刚，戚英杰，等 . 阿尔泰山南部科克森山和卡拉麦里山盘羊冬季卧息地的选择 [J]. 兽类学报，2009, 29(2): 125-132.

[15] 董潭成，初红军，吴洪潘，等 . 卡拉麦里山有蹄类自然保护区鸟兽的红外相机监测 [J]. 生物多样性，2014, 22(6): 804-807.

[16] 高行宜，谷景和，付春利，等 . 新疆阿尔泰山地鸟类区系与动物地理区划问题 [J].

高原生物学集刊 , 1987, (6): 97–104.

[17] 高行宜 , 谷景和 . 马科在中国的分布与现状 [J]. 兽类学报 , 1989(9): 269–274.

[18] 高丽君 , 袁国映 , 袁磊 . 新疆生物多样性研究与保护 [J]. 新疆环境保护 , 2008, 30(2): 24–27.

[19] 高行宜 , 周永恒 , 谷景和 , 等 . 新疆鸟类资源考察与研究 [M]. 乌鲁木齐 : 新疆科技卫生出版社 , 2000: 15–18.

[20] 葛炎 , 刘楚光 , 初红军 , 等 . 新疆卡拉麦里山有蹄类野生动物自然保护区蒙古野驴的资源现状 [J]. 干旱区研究 , 2003, 20(1): 32–34.

[21] 黄人鑫 , 向礼陔 , 马纪 , 等 . 新疆阿尔泰山鸟类研究（Ⅱ）：鸟类的食性 [J]. 新疆大学学报（自然科学版）, 1986, 3(4): 79–88.

[22] 黄艳 , 初红军 , 兰文旭 . 重引入普氏野马、蒙古野驴和鹅喉羚的秋季营养生态位 [J]. 干旱区研究 , 2011, 28(6): 1045–1050.

[23] 李春旺 , 蒋志刚 , 周嘉 , 等 . 内蒙古巴彦淖尔盟蒙古野驴的数量、分布和保护对策 [J]. 兽类学报 , 2002, 22(1): 1–6.

[24] 李莹 , 徐文轩 , 乔建芳 , 等 . 卡拉麦里山有蹄类自然保护区鹅喉羚的时空分布与生境选择 [J]. 干旱区地理 , 2009, 32(2): 261–267.

[25] 林杰 , 徐文轩 , 杨维康 , 等 . 卡拉麦里山有蹄类自然保护区蒙古野驴生境适宜性评价 [J]. 生物多样性 , 2012, 20(4): 411–419.

[26] 刘辉 , 姜广顺 , 李惠 . 北方冬季有蹄类动物 4 种数量调查方法的比较 [J]. 生态学报 , 2015, 35(9): 3076–3086.

[27] 刘建军 , 李新华 , 沈志 . 准噶尔东部荒漠植物群落的结构及数量特征 [J]. 干旱区研究 , 1992, 9(2): 39–48.

[28] 马驹如 . 生物多样性保护与自然保护区 [J]. 生物多样性 , 1993, 1(1): 43–45.

[29] 马勇 . 新疆北部地区啮齿动物地理分布研究 [J]. 动物学报 , 1981, 27(2): 180–188.

[30] 马勇 , 新疆北部地区动物地理区划的几个问题 [J]. 动物学报 , 1981, 27(4): 395–402.

[31] 米吉提 · 胡达拜尔地 . 新疆高等植物检索表 [M]. 乌鲁木齐 : 新疆大学出版社 , 2000.

[32] 彭向前 . 卡拉麦里山蒙古野驴的现状与保护 [J]. 野生动物学报 , 2015, 36(2): 162–165.

[33] 朴仁珠 . 截线法对西藏盘羊种群数量的估计 [J]. 生态学报 , 1996, 16(3): 295–301.

[34] 任璇 , 王虎贤 , 刘永强 , 等 . 卡拉麦里有蹄类自然保护区适宜性生境分布变化特征分析 [J]. 新疆农业科学 , 2016, 53(3): 553–562.

[35] 时磊 , 周永恒 , 原洪 . 新疆维吾尔自治区爬行动物区系与地理区划 [J]. 四川动物 ,

2002, 21(3): 152−157+209.

[36] 汪松 . 中国濒危动物红皮书 : 兽类 [M]. 北京 : 科学出版社 , 1998.

[37] 汪松 , 解焱 . 中国物种红色名录 [M]. 北京 : 高等教育出版社 , 2004.

[38] 王德厚 . 卡拉麦里山自然保护区野生动物调查 [J]. 新疆环境保护 , 1993, 15(2): 35−36.

[39] 王应祥 . 中国哺乳动物种和亚种分类名录与分布大全 [M]. 北京 : 中国林业出版社 , 2003.

[40] 吴洪潘 . 新疆卡拉麦里山有蹄类自然保护区野生动物的红外相机监测 [D]. 乌鲁木齐 : 新疆农业大学 , 2015: 56−57.

[41] 吴洪潘 , 初红军 , 王渊卡 , 等 . 拉麦里山有蹄类自然保护区水源地蒙古野驴的活动节律 : 基于红外相机监测数据 [J]. 生物多样性 , 2014, 22(6): 752−757.

[42] 许可芬 , 任志刚 , 高行宜 . 卡拉麦里山保护区的蒙古野驴、鹅喉羚资源及生存现状 [J]. 干旱区研究 , 1997, 14（增刊）: 17−22.

[43] 徐文轩 , 乔建芳 , 夏参军 , 等 . 卡拉麦里山保护区鹅喉羚卧息地特征的季节变化 [J]. 生态学杂志 , 2010, 29(4): 687−692.

[44] 徐文轩 , 杨维康 , 乔建芳 . 卡拉麦里山自然保护区蒙古野驴的食性 [J]. 兽类学报 , 2009, 29(4): 427−431.

[45] 杨维康 , 乔建芳 , 姚军 . 新疆准噶尔盆地东部鹅喉羚采食地的特征 [J]. 兽类学报 , 2005, 25(4): 355−360.

[46] 杨维康 , 徐文轩 , 刘伟 , 等 . 卡拉麦里山有蹄类保护区鹅喉羚的采食地选择 [J]. 干旱区研究 , 2010, 27(2): 236−241.

[47] 游章强 , 蒋志刚 , 李春旺 . 草原围栏对普氏原羚行为和栖息地面积的影响 [J]. 科学通报 , 2013, 58(16): 1557−1564.

[48] 袁德成 . 生物系统学与自然保护 [J]. 生物多样性 , 1997, 5(2): 132−134.

[49] 袁国映 . 新疆野生动物 [M]. 乌鲁木齐 : 新疆人民出版社 , 1987.

[50] 袁国映 . 新疆脊椎动物简志 [M]. 乌鲁木齐 : 新疆人民出版社 , 1991.

[51] 袁国映 . 新疆生物多样性 [M]. 乌鲁木齐 : 新疆科学技术出版社 , 2008.

[52] 袁国映 , 陈丽 , 程芸 . 新疆生物多样性调查与评价研究 [J]. 新疆环境保护 , 2010, 32: 1−6.

[53] 岳建兵 . 卡拉麦里有蹄类自然保护区蒙古野驴的种群数量分布及食性选择的研究 [D]. 北京 : 北京林业大学 , 2006 : 22−30.

[54] 张钧泳 , 初雯雯 , 杜聪聪 , 等 . 不同季节卡拉麦里山盘羊生境选择分析 [J]. 干旱区研究 , 2016, 33(2): 422−430.

[55] 张鹏 , 袁国映 . 新疆两栖爬行动物 [M]. 乌鲁木齐 : 新疆科学技术出版社 , 2005.

[56] 张荣祖 . 中国自然地理 : 动物地理（中国科学院《中国自然地理》编辑委员会）[M]. 北京 : 科学出版社 , 1979.

[57] 张荣祖 . 中国动物地理 [M]. 北京 : 科学出版社 , 1999.

[58] 张永军 , 张峰 , 曹青 , 等 . 卡拉麦里山有蹄类自然保护区水源现状及水质分析 : 以普氏野马放归区为例 [J]. 干旱区研究 , 2014, 31(4): 665-671.

[59] 赵尔宓 , 姜耀明 . 北疆蛇类初步研究 [J]. 两栖爬行动物研究 , 1979, 2(1): 1-23.

[60] 赵尔宓 , 赵肯堂 , 周开亚 , 等 . 中国动物志爬行纲 [M]. 北京 : 科学出版社 , 1999.

[61] 郑光美等 . 中国濒危动物红皮书 : 鸟类 [M]. 北京 : 科学出版社 , 1998

[62] 郑生武 , 高行宜 . 中国野驴的现状、分布区的历史变迁原因探讨 [J]. 生物多样性保护 , 2000, 8(1): 81-87.

[63] 郑作新 . 中国动物志 : 鸟纲 [M]. 北京 : 科学出版社 , 1987.

[64] 周开亚 . 中国动物志兽纲 [M]. 北京 : 科学出版社 , 2004.

附录 1　自然保护区维管植物名录

序号	中文名称	拉丁名称
	Gymnospermae 裸子植物门	
一	**麻黄科**	**Ephedraceae**
1	**麻黄属**	***Ephedra***
（1）	蛇麻黄	*E. distachya*
（2）	砂地麻黄	*E. lomatolepis*
（3）	膜翅麻黄	*E. przewalskii*
（4）	中麻黄	*E. intermedia*
（5）	细子麻黄	*E. regeliana*
	Angiospermae 被子植物门	
一	**杨柳科**	**Salicaceae**
1	**杨属**	***Populus***
（1）	胡杨	*P*. euphratica
二	**蓼科**	**Polygonaceae**
2	**大黄属**	***Rheum***
（2）	矮大黄（沙地大黄）	*R. nanum*
3	**酸模属**	***Rumex***
（3）	盐生酸模（马氏酸模）	*R. marschallianus*
4	**木蓼属**	***Atraphaxis***
（4）	木蓼	*A. frutescens*（Rgl.）
（5）	梨叶木蓼	*A. pyrifolia*
（6）	沙木蓼	*A: bracteata*
（7）	刺木蓼	*A. spinosa*
（8）	锐枝木蓼	*A. pungens*（M.B.）
（9）	拳木蓼	*A. compacta*
（10）	绿叶木蓼	*A. laetevirens*（Ledeb.）
（11）	长枝木蓼	*A. virgata*
5	**沙拐枣属**	***Calligonum***
（12）	褐色沙拐枣	*C. colubrinum*
（13）	戈壁沙拐枣	*C. gobicum*（Bge.）
（14）	泡果沙拐枣	*C. junceum*（Fisch. et Mey）

续表

序号	中文名称	拉丁名称
（15）	奇台沙拐枣	*C. klementzii*
（16）	淡枝沙拐枣	*C. leucocladum*（Schrenk）
（17）	沙拐枣	*C.mongolicum*
（18）	粗糙沙拐枣	*C. squarrosum*
6	**蓼属**	***Polygonum***
（19）	扁蓄	*P. aviculare*
（20）	灰蓼	*P. glareosum* Schischk.
（21）	酸蓼	*P. divaricatum*
（22）	新疆蓼	*P. schischkinii*
（23）	银鞘蓼	*P. argyrocoleum*
三	**藜科**	**Chenopodiaceae**
7	**盐爪爪属**	***Kalidium***
（24）	里海盐爪爪	*K. capsicum*
（25）	尖叶盐爪爪	*K. cuspidatum*
（26）	盐爪爪	*K. foliatum*
8	**盐节木属**	***Halocnemum***
（27）	盐节木	*H. strobilaceum*
9	**盐穗木属**	***Halostachys***
（28）	盐穗木	*H. caspica*
10	**驼绒藜属**	***Ceratoides***
（29）	心叶驼绒藜	*C. ewersmanniana*
（30）	驼绒藜	*C. latens*
11	**滨藜属**	***Atriplex***
（31）	中亚滨藜	*A. centralasiatica*
（32）	犁苞滨藜	*A. dimorphostegia*
（33）	鞑靼滨藜	*A. tatarica*
（34）	白滨藜	*A. cana*
12	**角果藜属**	***Ceratocarpus***
（35）	角果藜	*C. arenarius*
13	**沙蓬属**	***Agriophyllum***
（36）	侧花沙蓬	*A. laterflorum*
（37）	小沙蓬	*A. minus*
（38）	沙蓬	*A. squarrosum*
14	**虫实属**	***Corispermum***
（39）	倒披针叶虫实	*C. lehmannianum*
15	**藜属**	***Chenopodium***
（40）	尖头叶藜	*C. acuminatum*

续表

序号	中文名称	拉丁名称
（41）	香藜	*C. botrys*
（42）	灰绿藜	*C. glaucum*
（43）	藜	*C. album*
16	**地肤属**	***Kochia***
（44）	木地肤	*K. prostrata*
（45）	灰毛木地肤（变种）	*K. prostrata* var. *canescens*
（46）	密毛木地肤（变种）	*K. prostrata* var.*villosissima*
（47）	地肤	*K. scoparia*
17	**雾冰藜属**	***Bassia***
（48）	雾冰藜	*B. dasyphylla*
18	**戈壁藜属**	***Iljinia***
（49）	戈壁藜	*I. regelii*
19	**樟味藜属**	***Camphorosma***
（50）	樟味藜	*C. monspeliaca*
20	**棉藜属**	***Kirilowia***
（51）	棉藜	*K. eriantha*
21	**碱蓬属**	***Suaeda***
（52）	刺毛碱蓬	*S. acuminata*
（53）	高碱蓬	*S. altissima*
（54）	小叶碱蓬	*S. microphylla*
（55）	囊果碱蓬	*S. physophora*
（56）	盐地碱蓬	*S. salsa*
（57）	奇异碱蓬	*S. paradoxa*
（58）	角果碱蓬	*S. corniculata*
（59）	盘果碱蓬	*S. hetrophylla*
22	**对节刺属**	***Horaninowia***
（60）	对节刺	*H. ulicina*
23	**梭梭属**	***Haloxylon***
（61）	梭梭	*H. ammodendron*
（62）	白梭梭	*H. persicum*
24	**假木贼属**	***Anabasis***
（63）	无叶假木贼	*A. aphylla*
（64）	短叶假木贼	*A. brevifolia*
（65）	高枝假木贼	*A. elatior*
（66）	盐生假木贼	*A. salsa*
（67）	展枝假木贼	*A. truncata*
（68）	白垩假木贼	*A. cretacea*

序号	中文名称	拉丁名称
（69）	毛足假木贼	*A. eriopoda*
25	**对叶盐蓬属**	***Girgensohnia***
（70）	对叶盐蓬	*G. oppositiflora*
26	**盐生草属**	***Halogeton***
（71）	白茎盐生草	*H. arachnoideus*
（72）	盐生草	*H. glomeratus*
27	**猪毛菜属**	***Salsola***
（73）	木本猪毛菜	*S. arbuscula*
（74）	散枝猪毛菜	*S. brachiata*
（75）	猪毛菜	*S. collina*
（76）	准噶尔猪毛菜	*S. dschungarica*
（77）	费尔干猪毛菜	*S. ferganica*
（78）	浆果猪毛菜	*S. foliosa*
（79）	密枝猪毛菜	*S. implicate*
（80）	短柱猪毛菜	*S. lanata*
（81）	钠猪毛菜	*S. nitraria*
（82）	刺沙蓬	*S. ruthenica*
（83）	柽柳叶猪毛菜	*S. tamariscina*
（84）	紫翅猪毛菜	*S. affilis*
（85）	长刺猪毛菜	*S. paulsenii*
（86）	蔷薇猪毛菜	*S. rosacea*
（87）	粗枝猪毛菜	*S. subcrassa*
28	**盐蓬属**	***Halimocnemis***
（88）	柔毛盐蓬	*H. villosa*
（89）	长叶盐蓬	*H. longifolia*
29	**叉毛蓬属**	***Petrosimonia***
（90）	叉毛蓬	*P. sibirica*
四	**石竹科**	**Caryophyllaceae**
30	**无心菜属**	***Arenaria***
（91）	无心菜	*A. serpyllifolia*
31	**蝇子草属**	***Silene***
（92）	矮绳子草	*S. nana*
（93）	沙生蝇子草	*S. olgiana*
32	**石头花属**	***Gypsophila***
（94）	圆锥石头花	*G. paniculata*
（95）	钝叶石头花	*G. perfoliata*
（96）	紫萼石头花	*G. patrinii*

续表

序号	中文名称	拉丁名称
33	**刺叶属**	***Acanthophyllum***
（97）	刺叶	*A. pungens*
34	**王不留行属**	***Vaccaria***
（98）	王不留行	*V. hispanica*
35	**石竹属**	***Dianthus***
（99）	准噶尔石竹	*D. soongoricus*
五	**裸果木科**	**Paronychlaceae**
36	**裸果木属**	***Gymnocarpos***
（100）	裸果木	*G. przewalskii*
六	**毛茛科**	**Ranunculaceae**
37	**飞燕草属**	***Consolida***
（101）	凸脉飞燕草	*C. rugulosa*
38	**铁线莲属**	***Clematis***
（102）	准噶尔铁线莲	*C. songarica*
39	**碱毛茛属**	***Halerpestes***
（103）	长叶碱毛茛	*H. ruthenica*
（104）	三裂碱毛茛	*H. tricuspis*
40	**角果毛茛属**	***Ceratocephalus***
（105）	角果毛茛	*C. testiculatus*
七	**小檗科**	**Berberidaceae**
41	**牡丹草属**	***Gymnospermium***
（106）	牡丹草	*G. microrrhynchum*
八	**罂粟科**	**Papaveraceae**
42	**海罂粟属**	***Glaucium***
（107）	鳞果海罂粟	*G. squamigerum*
43	**角茴香属**	***Hypecoum***
（108）	角茴香	*H. erectum*
（109）	小花角茴香	*H. parviflorum*
44	**烟堇属**	***Fumaria***
（110）	烟堇	*F. schleicheri*
45	**紫堇属**	***Corydalis***
（111）	灰叶延胡索	*C. glaucescens*
九	**山柑科**	**Capparidaceae**
46	**山柑属**	***Capparis***
（112）	刺山柑（老鼠瓜、棰果藤）	*C. spinosa*
十	**十字花科**	**Cruciferae**
47	**独行菜属**	***Lepidium***

序号	中文名称	拉丁名称
(113)	抱茎独行菜	*L. perfoliatum*
(114)	钝叶独行菜	*L. obtusum*
(115)	碱独行菜	*L. cartilagineum*
(116)	光苞独行菜	*L. latifolium*
(117)	全缘独行菜	*L. ferganense*
48	**群心菜属**	***Cardaria***
(118)	群心菜	*C. draba*
(119)	球果群心菜	*C. chalepensis*
49	**菘蓝属**	***Isatis***
(120)	宽翅菘蓝	*I. violascens*
(121)	长圆果菘蓝	*I. oblongata*
50	**厚翅荠属**	***Pachypterygium***
(122)	厚翅荠	*P. multicaule*
51	**高河菜属**	***Megacarpaea***
(123)	大果高河菜	*M. megalocarpa*
52	**绵果荠属**	***Lachnoloma***
(124)	绵果荠	*L. lehmannii*
53	**螺喙荠属**	***Spirorrhynchus***
(125)	螺喙荠	*S. sabulosus*
54	**庭荠属**	***Alyssum***
(126)	庭荠	*A. desertorum*
(127)	条叶庭荠	*A. linifolium*
(128)	无齿萼果庭荠	*A. calycocarpum*
55	**葶苈属**	***Draba***
(129)	光果伊宁葶苈	*D. stylaris* var.*leiocarpa*
56	**花旗杆属**	***Dontostemon***
(130)	扭果花旗杆	*D. elegans*
57	**四齿芥属**	***Tetracme***
(131)	四齿芥	*T. quadricornis*
(132)	弯角四齿芥	*T. recuavata*
58	**紫罗兰属**	***Matthiola***
(133)	新疆紫罗兰	*M. stoddarti*
59	**离子芥属**	***Chorispora***
(134)	西伯利亚离子芥	*C. sibirica*
(135)	离子芥	*C. tenella*
60	**异果芥属**	***Diptychocarpus***
(136)	异果芥	*D. strictus*

续表

序号	中文名称	拉丁名称
61	**丝叶芥属**	***Leptaleum***
（137）	丝叶芥	*L. filifolium*
62	**涩荠属**	***Malcolmia***
（138）	涩荠	*M. africana*
（139）	卷果涩荠	*M. scorpioides*
（140）	小涩荠	*M. bumilis*
63	**棒果芥属**	***Sterigmostemum***
（141）	黄花棒果芥	*S. sulfureum*
（142）	福海棒果芥	*S. fuhaiense*
64	**四棱荠属**	***Goldbachia***
（143）	四棱荠	*G. laevigata*
65	**糖芥属**	***Erysimum***
（144）	小花糖芥	*E. cheiranthoides*
（145）	灰毛糖芥	*E. canescens*
（146）	小糖芥	*E. sisymbrioides*
66	**棱果芥属**	***Syrenia***
（147）	棱果芥	*S. siliculosa*
67	**念珠芥属**	***Neotorularia***
（148）	甘新念珠芥	*N. korolkovii*
68	**播娘蒿属**	***Descurainia***
（149）	播娘蒿	*D. sophia*
十一	**景天科**	**Crassulaceae**
69	**瓦松属**	***Orostachys***
（150）	黄花瓦松	*O. spinosa*
十二	**蔷薇科**	**Rosaceae**
70	**委陵菜属**	*Potentilla*
（151）	二裂委陵菜	*P. bifurca*
71	**地蔷薇属**	***Chamaerhodos***
（152）	砂生地蔷薇	*C. hsabulosa*
十三	**豆科**	**Leguminosae**
72	**骆驼刺属**	***Alhagi***
（153）	骆驼刺	*A. sparsifolia*
73	**黄耆属**	***Astragalus***
（154）	镰荚黄耆	*A. arpilobus*
（155）	弯花黄耆	*A. flexus*
（156）	茧荚黄耆	*A. lehmannianus*
（157）	粗毛黄耆	*A. scabrisetus*

序号	中文名称	拉丁名称
(158)	矮型黄耆	*A. stalinskyi*
(159)	木黄耆	*A. arbuscula*
(160)	帚黄耆	*A. scoparius*
(161)	混合黄耆	*A. commixtus*
(162)	一叶黄耆	*A. monophyllus*
(163)	喜沙黄耆	*A. ammodytes*
(164)	喜石黄耆	*A. petraeus*
(165)	扁序黄耆	*A. compressus*
(166)	杯萼黄耆	*A. cupulicalycinus*
(167)	茸毛果黄耆	*A. hebecorpus*
(168)	青河黄耆	*A. qingheensis*
74	**锦鸡儿属**	***Caragana***
(169)	白皮锦鸡儿	*C. leucophloea*
(170)	准噶尔锦鸡儿	*C. soongorica*
75	**无叶豆属**	***Eremosparton***
(171)	准噶尔无叶豆	*E. songoricum*
76	**甘草属**	***Glycyrrhiza***
(172)	甘草	*G. uralensia*
77	**铃铛刺属**	***Halimodendron***
(173)	铃铛刺	*H. halodendron*
78	**棘豆属**	*Oxytropis*
(174)	微柔毛棘豆	*O. puberula*
(175)	准噶尔棘豆	*O. songarica*
(176)	长硬毛棘豆	*O. hirsuta*
79	**槐属**	***Sophora***
(177)	苦豆子	*S. alopecuroides*
80	**胡卢巴属**	***Trigonella***
(178)	弯果胡卢巴	*T. arcuata*
(179)	单花胡卢巴	*T. monantha*
(180)	网脉胡卢巴	*T. cancellata*
(181)	直果胡卢巴	*T. orthoceras*
十四	**牻牛儿苗科**	**Geraniaceae**
81	**老鹳草属**	***Geranium***
(182)	串珠老鹳草	*G. transversale*
82	**牻牛儿苗属**	***Erodium***
(183)	尖喙牻牛儿苗	*E. oxyrrhynchum*
十五	**白刺科**	**Nitrariaceae**

序号	中文名称	拉丁名称
83	**白刺属**	***Nitraria***
（184）	西伯利亚白刺	*N. sibirica*
（185）	大果白刺	*N. roborowskii*
（186）	唐古特白刺	*N. tangutorum*
十六	**骆驼蓬科**	**Peganaceae**
84	**骆驼蓬属**	***Peganum***
（187）	骆驼蓬	*P. harmala*
十七	**蒺藜科**	**Zygophyllaceae**
85	**蒺藜属**	***Tribulus***
（188）	蒺藜	*T.* terrestris
86	**木霸王属**	***Sarcozygium***
（189）	木霸王	*S. xanthoxylon*
87	**霸王属**	***Zygophyllum***
（190）	列曼霸王	*Z. lehmannianum*
（191）	大翅霸王	*Z. macropterum*
（192）	石生霸王	*Z. rosovii*
（193）	大花霸王	*Z. potaninii*
（194）	骆驼蹄瓣	*Z. fabago*
十八	**大戟科**	**Euphorbiaceae**
88	**大戟属**	***Euphorbia***
（195）	土大戟	*E. turczaninovii*
（196）	地锦	*E. humifusa*
十九	**锦葵科**	**Malvaceae**
89	**苘麻属**	***Abutilon***
（197）	苘麻	*A. theophrasti*
二十	**柽柳科**	**Tamaricaceae**
90	**琵琶柴属**	***Reaumuria***
（198）	琵琶柴	*R. soongorica*
91	**柽柳属**	***Tamarix***
（199）	长穗柽柳	*T. elongate*
（200）	细穗柽柳	*T. leptostachys*
（201）	多枝柽柳	*T. ramosissima*
（202）	短穗柽柳	*T. laxa*
（203）	多花柽柳	*T. hohenakeri*
（204）	刚毛柽柳	*T. hispida*
（205）	短毛柽柳	*T. karelinii*
二十一	**瑞香科**	**Thymelaeaceae**

序号	中文名称	拉丁名称
92	**新瑞香属**	***Thymelaea***
(206)	新瑞香	*T. passerina*
二十二	**胡颓子科**	**Elaeagnaceae**
93	**胡颓子属**	***Elaeagnus***
(207)	尖果沙枣	*E. oxycarpa*
二十三	**锁阳科**	**Cynomoriaceae**
94	**锁阳属**	***Cynomorium***
(208)	锁阳	*C. songarium*
二十四	**伞形科**	**Umbelliferae**
95	**阿魏属**	***Ferula***
(209)	多伞阿魏	*F. ferulaeoides*
(210)	沙生阿魏	*F. dubjianskyi*
(211)	荒地阿魏	*F. syreitschikowii*
(212)	阜康阿魏	*F. fukanensis*
(213)	大果阿魏	*F. lehmannii*
96	**簇花芹属**	***Soranthus***
(214)	簇花芹	*S. meyeri*
二十五	**报春花科**	**Primulaceae**
97	**海乳草属**	***Glaux***
(215)	海乳草	*G. maritima*
98	**点地梅属**	***Androsace***
(216)	丝状点地梅	*A. filiformis*
二十六	**白花丹科**	**Plumbaginaceae**
99	**驼舌草属**	***Goniolimon***
(217)	驼舌草	*G. speciosum*
100	**补血草属**	***Limonium***
(218)	大叶补血草	*L. gmelinii*
(219)	木本补血草	*L. suffruticosum*
(220)	细裂补血草	*L. leptolobum*
(221)	耳叶补血草	*L. otolepis*
二十七	**夹竹桃科**	**Apocynaceae**
101	**罗布麻属**	***Apocynum***
(222)	罗布麻	*A. venetum*
102	**白麻属**	***Poacynum***
(223)	白麻	*P. pictum*
二十八	**旋花科**	**Convolvulaceae**
103	**旋花属**	***Convolvulus***

续表

序号	中文名称	拉丁名称
（224）	刺旋花	*C. tragacanthoides*
（225）	灌木旋花	*C. fruticosus*
（226）	银灰旋花	*C. ammannii*
（227）	田旋花	*C. arvensis*
（228）	鹰爪柴	*C. gortschakovii*
104	**菟丝子属**	***Cuscuta***
（229）	菟丝子	*C. chinensis*
（230）	欧洲菟丝子	*C. europaea*
二十九	**紫草科**	**Boraginaceae**
105	**天芥菜属**	***Heliotropium***
（231）	尖花天芥菜	*H. acutiflorum*
（232）	椭圆叶天芥菜	*H. ellipticum*
（233）	小花天芥菜	*H. micranthum*
106	**软紫草属**	***Arnebia***
（234）	黄花软紫草	*A. guttata*
（235）	硬萼软紫草	*A. decumbens*
（236）	软紫草	*A. euchroma*
107	**假狼紫草属**	***Nonea***
（237）	假狼紫草	*N. cspica*
108	**腹脐草属**	***Gastrocotyle***
（238）	腹脐草	*G. hispida*
109	**鹤虱属**	***Lappula***
（239）	鹤虱	*L. myosotis*
（240）	狭果鹤虱	*L. semiglabra*
（241）	卵果鹤虱	*L. patula*
（242）	石果鹤虱	*L. spinocarpa*
（243）	双果鹤虱	*L. diploloma*
（244）	异形鹤虱	*L. heteromorpha*
（245）	小果鹤虱	*L. microcarpa*
110	**异果鹤虱属**	***Heterocaryum***
（246）	异果鹤虱	*H. rigidum*
111	**颅果草属**	***Craniospermum***
（247）	颅果草	*C. echioides*
112	**糙草属**	***Asperugo***
（248）	糙草	*A. procumbens*
113	**李果鹤虱属**	***Rochelia***
（249）	弯萼李果鹤虱	*R. retorta*

续表

序号	中文名称	拉丁名称
114	**翅果草属**	***Rindera***
（250）	翅果草	*R. tetraspis*
三十	**唇形科**	**Labiatae**
115	**黄芩属**	***Scutellaria***
（251）	深裂叶黄芩	*S. przewalskii*
（252）	平原黄芩	*S. sieversii*
116	**裂叶荆芥属**	***Schizonepeta***
（253）	小裂叶荆芥	*S. annua*
117	**荆芥属**	***Nepeta***
（254）	小花荆芥	*N. micrantha*
（255）	刺尖荆芥	*N. pungens*
118	**扁柄草属**	***Lallemantia***
（256）	扁柄草	*L. royleana*
119	**沙穗属**	***Eremostachys***
（257）	沙穗	*E. moluccelloides*
120	**兔唇花属**	***Lagochilus***
（258）	二刺叶兔唇花	*L. diacanthophyllum*
（259）	毛节兔唇花	*L. lanatonodus*
121	**矮刺苏属**	***Chamaesphacos***
（260）	矮刺苏	*C. ilicifolius*
122	**鼠尾草属**	***Salvia***
（261）	新疆鼠尾草	*S. deserta*
123	**新塔花属**	***Ziziphora***
（262）	芳香新塔花	*Z. clinopodioides*
三十一	**茄科**	**Solanaceae**
124	**枸杞属**	***Lycium***
（263）	黑果枸杞	*L. ruthenicum*
125	**天仙子属**	***Hyoscyamus***
（264）	中亚天仙子	*H. pusillus*
三十二	**玄参科**	**Scrophulariaceae**
126	**玄参属**	***Scrophularia***
（265）	砾玄参	*S. incisa*
127	**野胡麻属**	***Dodartia***
（266）	野胡麻	*D. orientalis*
三十三	**列当科**	**Orobanchaceae**
128	**肉苁蓉属**	***Cistanche***
（267）	盐生肉苁蓉	*C. salsa*

续表

序号	中文名称	拉丁名称
(268)	肉苁蓉	*C. deserticola*
129	**列当属**	***Orobanche***
(269)	列当	*O. coerulescens*
(270)	弯管列当	*O. cernua*
三十四	**车前科**	**Plantaginaceae**
130	**车前属**	***Plantago***
(271)	小车前	*P. minuta*
(272)	条叶车前	*P. lessingii*
(273)	盐生车前	*P. maritima*
三十五	**茜草科**	**Rubiaceae**
131	**拉拉藤属**	***Galium***
(274)	拉拉藤	*G. aparine*
132	**茜草属**	***Rubia***
(275)	高原茜草	*R. chitralensis*
(276)	四叶茜草	*R. schugnanica*
三十六	**川续断科**	**Dipsacaceae**
133	**蓝盆花属**	***Scabiosa***
(277)	小花蓝盆花	*S. olivieri*
三十七	**菊科**	**Compositae**
134	**珀菊属**	***Amberboa***
(278)	黄花珀菊	*A. turanica*
135	**蒿属**	***Artemisia***
(279)	地白蒿	*A. teraealbae*
(280)	苦艾蒿	*A. santolina*
(281)	沙蒿	*A. arenaria*
(282)	小蒿	*A. graciliscens*
(283)	白莲蒿	*A. sacrorum*
(284)	大籽蒿	*A. sieversiana*
(285)	猪毛蒿	*A. scoparia*
(286)	准噶尔沙蒿	*A. songarica*
(287)	黑沙蒿	*A. ordosica*
(288)	碱蒿	*A. anethifolia*
(289)	黄花蒿	*A. annua*
(290)	银蒿	*A. austriaca*
136	**小甘菊属**	***Cancrinia***
(291)	小甘菊	*C. discoides*
137	**矢车菊属**	***Centaurea***

序号	中文名称	拉丁名称
(292)	糙叶矢车菊	*C. adpressa*
(293)	欧亚矢车菊	*C. ruthenica*
(294)	准噶尔矢车菊	*C. dschungarica*
138	**粉苞苣属**	***Chondrilla***
(295)	无喙粉苞苣	*C. ambigua*
(296)	粉苞苣	*C. piptocoma*
139	**蓟属**	***Cirsium***
(297)	准噶尔蓟	*C. alatum*
(298)	刺儿菜	*C. segetum*
(299)	丝路蓟	*C. arvense*
140	**刺头菊属**	***Cousinia***
(300)	刺头菊	*C. affinis*
141	**还阳参属**	***Crepis***
(301)	弯茎还阳参	*C. flexuosa*
142	**鼠毛菊属**	***Epilasia***
(302)	顶毛鼠毛菊	*E. acrolasia*
(303)	腰毛鼠毛菊	*E. hemilasia*
143	**絮菊属**	***Filago***
(304)	絮菊	*F. arvensis*
144	**小疮菊属**	***Garhadiolus***
(305)	小疮菊	*G. papposus*
145	**异喙菊属**	***Heteracia***
(306)	异喙菊	*H. szovitsii*
146	**琉苞菊属**	***Hyalea***
(307)	琉苞菊	*H. pulchella*
147	**花花柴属**	***Karelinia***
(308)	花花柴	*K. caspica*
148	**蝎尾菊属**	***Koelpinia***
(309)	蝎尾菊	*K. linearis*
149	**莴苣属**	***Lactuca***
(310)	飘带莴苣	*L. undulata*
(311)	大头叶莴苣	*L. auriculata*
150	**大翅蓟属**	***Onopordom***
(312)	大翅蓟	*O. acanthium*
151	**风毛菊属**	***Saussuea***
(313)	盐地风毛菊	*S. salsa*
152	**旋覆花属**	***Inula***

续表

序号	中文名称	拉丁名称
（314）	欧亚旋覆花	*I. britannica*
153	**鸦葱属**	***Scorzonera***
（315）	帚状鸦葱	*S. pseudodivaricata*
（316）	细叶鸦葱	*S. pusilla*
（317）	绢毛鸦葱	*S. sericeo-lanata*
（318）	皱叶鸦葱	*S. inconspicua*
154	**千里光属**	***Senecio***
（319）	疏齿千里光	*S. subdentatus*
155	**绢蒿属**	***Seriphidium***
（320）	白茎绢蒿	*S.* terae-albae
（321）	沙漠绢蒿	*S. santolinum*
（322）	西北绢蒿	*S. nitrosum*
156	**紫菀木属**	***Asterothamnus***
（323）	灌木紫菀木	*A. fruticosus*
157	**狗娃花属**	***Heteropappus***
（324）	阿尔泰狗娃花	*H. altaicus*
158	**蒲公英属**	***Taraxacum***
（325）	荒漠蒲公英	*T. monochlamydeum*
159	**婆罗门参属**	***Tragopogon***
（326）	紫婆罗门参	*T. ruber*
（327）	沙生婆罗门参	*T. sabulosus*
（328）	蒜叶婆罗门参	*T. porrifolius*
（329）	中亚婆罗门参	*T. kasahstanicus*
（330）	长茎婆罗门参	*T. elongatus*
（331）	瘤苞婆罗门参	*T. verrucosobracteatus*
160	**苍耳属**	***Xanthium***
（332）	苍耳	*X. sibiricum*
161	**顶叶菊属**	***Robinsonia***
（333）	顶羽菊	*A. repens*
162	**蓝刺头属**	***Echinops***
（334）	砂蓝刺头	*E. gmelinii*
（335）	白茎蓝刺头	*E. albicaulis*
三十八	**香蒲科**	**Typhaceae**
163	**香蒲属**	***Typha***
（336）	无苞香蒲	*T. laxmannii*
三十九	**水麦冬科**	**Juncaginaceae**
164	**水麦冬属**	***Triglochin***

续表

序号	中文名称	拉丁名称
(337)	水麦冬	*T. palustre*
(338)	海韭菜	*T. maritimum*
四十	**禾本科**	**Graminae**
165	**芨芨草属**	***Achnatherum***
(339)	芨芨草	*A. splendens*
166	**獐毛属**	***Aeluropus***
(340)	小獐毛	*A. pungens*
167	**剪股颖属**	***Agrostis***
(341)	巨序剪股颖	*A. gigantea*
168	**三芒草属**	***Aristida***
(342)	羽毛三芒草	*A. pennata*
(343)	三芒草	*A. adscensionis*
169	**拂子茅属**	***Calamagrostis***
(344)	拂子茅	*C. epigeios*
170	**虎尾草属**	***Chloris***
(345)	虎尾草	*C. virgata*
171	**旱麦草属**	***Eremopyrum***
(346)	东方旱麦草	*E. orientale*
(347)	旱麦草	*E. triticeum*
(348)	光穗旱麦草	*E. bonaepartis*
172	**赖草属**	***Leymus***
(349)	赖草	*L. secalinus*
173	**芦苇属**	***Phragmites***
(350)	芦苇	*P. communis*
174	**齿稃草属**	***Schismus***
(351)	齿稃草	*S. arabicus*
175	**狗尾草属**	***Setaria***
(352)	狗尾草	*S. viridis*
176	**针茅属**	***Stipa***
(353)	沙生针茅	*S. glareosa*
(354)	东方针茅	*S. orientalis*
177	**隐子草属**	***Cleistogenes***
(355)	无芒隐子草	*C. songorica*
178	**隐花草属**	***Crypsis***
(356)	隐花草	*C. aculeata*
179	**偃麦草属**	***Elytrigia***
(357)	偃麦草	*E. repens*

续表

序号	中文名称	拉丁名称
180	**细柄茅属**	***Ptilagrostis***
（358）	中亚细柄茅	*P. pelliotii*
181	**碱茅属**	***Puccinellia***
（359）	小林碱茅	*P. hauptiana*
（360）	碱茅	*P. distans*
182	**雀麦属**	***Bromus***
（361）	旱雀麦	*B. tectorum*
183	**冰草属**	***Agropyron***
（362）	沙芦草	*A. mongolicum*
184	**画眉草属**	***Eragrostis***
（363）	画眉草	*E. pilosa*
（364）	大画眉草	*E. cilianensis*
（365）	小画眉草	*E. minor*
四十一	**莎草科**	**Cyperaceae**
185	**藨草属**	***Scirpus***
（366）	水葱	*S. tabernaemontani*
186	**苔草属**	***Carex***
（367）	囊果苔草	*C. physodes*
（368）	针叶苔草	*C. onoei*
（369）	小囊果苔草	*C. subphysodes*
四十二	**灯芯草科**	**Juncaceae**
187	**灯芯草属**	***Juncus***
（370）	片髓灯心草	*J. inflexus*
四十三	**百合科**	**Liliaceae**
188	**独尾草属**	***Eremurus***
（371）	粗柄独尾草	*E. inderiensis*
（372）	异翅独尾草	*E. anisopterus*
189	**顶冰花属**	***Gagea* Salisb.**
（373）	黑鳞顶冰花	*G. nigra*
190	**郁金香属**	***Tulipa***
（374）	伊犁郁金香	*T. iliensis*
191	**贝母属**	***Fritillaria***
（375）	戈壁贝母	*F. karelinii*
192	**葱属**	***Allium***
（376）	碱韭	*A. polyrrhizum*
（377）	小山蒜	*A. pallasii*
（378）	类北葱	*A. schoenoprasoides*

序号	中文名称	拉丁名称
（379）	蒙古韭	*A. mongolicum*
（380）	阿尔泰葱	*A. altaicum*
（381）	丝叶韭	*A. setifolium*
193	**天门冬属**	***Asparagus***
（382）	西北天门冬	*A. persicus*
四十四	**石蒜科**	**Amaryllidaceae**
194	**鸢尾蒜属**	***Ixiolirion***
（383）	鸢尾蒜	*I. tataricum*
四十五	**鸢尾科**	**Iridaceae**
195	**鸢尾属**	***Iris***
（384）	白花马蔺	*I. lactea*
（385）	玉蝉花	*I. ensata*
（386）	马蔺	*I. lactea* var. *chinensis*
（387）	细叶鸢尾	*I. tenuifolia*
（388）	喜盐鸢尾	*I. halophila*

附录 2 自然保护区哺乳动物名录

序号	种名	拉丁名	分布型	数量等级	中国保护级别	新疆保护级别	中国红皮书	IUCN	CITES
一	**食虫目**	**Insectivora**							
（一）	**猬科**	**Erinaceidae**							
1	大耳猬	*Hemiechinus auritus*	中	+					
二	**翼手目**	**Chiroptera**							
（二）	**蝙蝠科**	**Vespertilionidae**							
2	大耳蝠	*Plecotus auritus*	广	+					
3	普通蝙蝠	*Vespertilio serotinus*	北广	+					
三	**食肉目**	**Carnivora**							
（三）	**犬科**	**Canidae**							
4	狼	*Canis lupus*	广	—	二级				II
5	赤狐	*Vulpes vulpes*	北	+	二级				
6	沙狐	*Vulpes corsac*	中	+	二级				
（四）	**鼬科**	**Mustelidae**							
7	虎鼬	*Vormela personata*	北	—		一级			
8	狗獾	*Meles meles*	北	—					
（五）	**猫科**	**Felidae**							

续表

序号	种名	拉丁名	分布型	数量等级	中国保护级别	新疆保护级别	中国红皮书	IUCN	CITES
9	兔狲	*Felis manul*	中	—	二级		V	LR	II
10	猞猁	*Felis lynx*	广	—	二级		V		II
四	**奇蹄目**	**Perissodactyla**							
（六）	**马科**	**Equidae**							
11	普氏野马	*Equus przewalskii*	中	++	一级		Ex	EW	I
12	蒙古野驴	*Equus hemionus*	中	+++	一级		E	VU	I
五	**偶蹄目**	**Artiodactyla**							
（七）	**牛科**	**Bovidae**							
13	盘羊	*Ovis awmon*	高	+	二级		E	EN	I
14	鹅喉羚	*Gazella subgutturous*	中	+++	二级		V	LR	
六	**兔形目**	**Lagomorpha**							
（八）	**兔科**	**Leporidae**							
15	草兔	*Lepus capensis*	北	+++					
（九）	**鼠兔科**	**Lagomyidae**							
16	帕氏鼠兔	*Ochopona pallasi*	中	+					
七	**啮齿目**	**Rodentia**							
（十）	**松鼠科**	**Sciuridae**							
17	赤颊黄鼠	*Citellus erythrogenys*	北	+					
18	小黄鼠	*Citellus pygmaeus*	北	+					
（十一）	**仓鼠科**	**Cricetidae**							
19	短尾仓鼠	*Cricetulus eversmanni*	中	+					
20	灰仓鼠	*Cricetulus meridianus*	北	+					
21	草原兔尾鼠	*Lagurus lagurus*	北	+					
22	黄兔尾鼠	*Lagurus luteus*	北	+					

续表

序号	种名	拉丁名	分布型	数量等级	中国保护级别	新疆保护级别	中国红皮书	IUCN	CITES
23	柽柳沙鼠	*Meriones tamariscinus*	北	++					
24	子午沙鼠	*Meriones meridianus*	北	++					
25	红尾沙鼠	*Meriones erythrourus*	北	+					
26	大沙鼠	*Rhombomys opimus*	中	++					
（十二）	**鼠科**	**Muridae**							
27	小家鼠	*Mus musculus*	广	++					
28	褐家鼠	*Rattus norvegicus*	广	++					
（十三）	**林跳鼠科**	**Zapodidae**							
29	草原蹶鼠	*Sicista subtilis*	北	+					
（十四）	**跳鼠科**	**Dipodidae**							
30	毛脚跳鼠	*Dipus sagirta*	中	+					
31	羽尾跳鼠	*Scirtopoda telum*	中	+					
32	西伯利亚五趾跳鼠	*Allactaga sibirica*	中	+					
33	小五趾跳鼠	*Allactaga elater*	中	++					
34	巨泡五趾跳鼠	*Allactaga bullata*	中	+					
35	小地兔	*Alactagulus pygmaeus*	中	+					
36	长耳跳鼠	*Euchoreutes naso*	中	+					
37	三趾心颅跳鼠	*Salpingotus kozlovi*	中	++					
38	脂尾三趾矮跳鼠	*Salpingotus crassicauda*	中	+					

注：①数量等级：+++（优势种）、++（常见种）、+（偶见种）、—（稀有种）；

②分布型：广（广布种）、东（东洋界种）、北广（古北界或全北界广布种）、北（北方型）、中（中亚型）、高（高地型）、东北（东北型）。

附录 3　自然保护区鸟类名录

序号	种名	拉丁名	居留性质 1	分布型 2	动物区系 3	中国保护级别	新疆保护级别	中国红色名录	IUCN	CITES	记录方式 4
一	**䴙䴘目**	**Podicipediformes**									
（一）	**䴙䴘科**	**Podicipedidae**									
1	凤头䴙䴘	*Podiceps cristatus*	T	C	古						
二	**鹈形目**	**Pelecaniformes**									
（二）	**鸬鹚科**	**Phalacrocoracidae**									
2	鸬鹚	*Phalacrocorax carbo*	T	O	广						
三	**鹳形目**	**Ciconiiformes**									
（三）	**鹭科**	**Ardeidae**									
3	苍鹭	*Ardea cinerea*	R	U	广		一级				
4	大白鹭	*Egretta alba*	R	O	广		一级				
5	大麻鳽	*Botaurus stellaris*	R	O	广						+
四	**雁形目**	**Anseriformes**									
（四）	**鸭科**	**Anatidae**									
6	鸿雁	*Anser cygnoides*	T	M	古	二级					
7	灰雁	*Anser anser*	S	U	古						
8	赤麻鸭	*Tadorna ferruginea*	R	U	古						+

续表

序号	种名	拉丁名	居留性质1	分布型2	动物区系3	中国保护级别	新疆保护级别	中国红色名录	IUCN	CITES	记录方式4
9	翘鼻麻鸭	*Tadouna tadorna*	T	U	古		二级				
10	绿头鸭	*Anas platyrhynchos*	S	C	广						
11	赤颈鸭	*Anas Penelope*	T	C	古						+
12	赤嘴潜鸭	*Netta rufina*	S	O	古						+
13	凤头潜鸭	*Aythya fuligula*	T	U	古						
五	**隼形目**	**Falconiformes**									
（五）	**鹰科**	**Accipitridae**									
14	黑鸢	*Milvus migrant*	R	U	古	二级				II	+
15	苍鹰	*Accipiter gentiles*	T	C	古	二级				II	
16	雀鹰	*Accipiter nisus*	R	U	古	二级				II	
17	棕尾鵟	*Buteo rufinus*	S	O	古	二级		R		II	+
18	大鵟	*Buteo hemilasius*	W	D	古	二级				II	+
19	普通鵟	*Buteo buteo*	W	U	古	二级				II	+
20	毛脚鵟	*Buteo lagopus*	W	C	古	二级				II	+
21	金雕	*Aquita chrysaetos*	R	C	古	一级		V		II	+
22	白肩雕	*Aquila heliaca*	R	O	古	一级		V	VU	I	+
23	靴隼雕	*Aquila pennatus*	S	O	古	二级				II	
24	草原雕	*Aquila nipalensis*	S	O	古	一级				II	
25	玉带海雕	*Haliaeetus leucoryphus*	S	D	古	一级		V	VU	II	+
26	秃鹫	*Aegypius monachus*	R	O	古	二级		V	VU	II	+
27	胡兀鹫	*Gypaetus barbatus*	R	O	广	一级		V		II	
28	白头鹞	*Circus aeruginosus*	S	O	古	二级				II	
（六）	**隼科**	**Falconidae**									

序号	种名	拉丁名	居留性质1	分布型2	动物区系3	中国保护级别	新疆保护级别	中国红色名录	IUCN	CITES	记录方式4
29	猎隼	*Falco cherrug*	S	C	古	二级				II	
30	矛隼	*Falco rusticolus*	W	C		二级				I	
31	游隼	*Falco peregrinus*	W	C(O)	广	二级		R		I	+
32	燕隼	*Falco subbuteo*	S	U	古	二级				II	+
33	灰背隼	*Falco columbarius*	T	C	古	二级				II	+
34	黄爪隼	*Falco naumanni*	S	U	古	二级				II	+
35	红隼	*Falco tinnunculus*	R	O	古	二级				II	+
六	**鸡形目**	**Galliformes**									
（七）	**雉科**	**Tetraonidae**									
36	石鸡	*Alectoris chukar*	R	D	古						+
37	斑翅山鹑	*Perdix dauuricae*	R	D	古						
七	**鹤形目**	**Gruiformes**									
（八）	**鹤科**	**Gruidae**									
38	灰鹤	*Grus grus*	T	U	古	二级				II	
39	蓑羽鹤	*Anthropoides virgo*	T	D	古	二级		I		II	
（九）	**秧鸡科**	**Rallidae**									
40	长脚秧鸡	*Crex crex*	S	O	广						
41	黑水鸡	*Gallinula chloropus*	S	O	广						
42	骨顶鸡	*Fulica atra*	S	O	广						
（十）	**鸨科**	**Otididae**									
43	小鸨	*Tetrax tetrax*	S	O	广	一级			NT	II	
44	大鸨	*Otis tarda*	S	O	古	一级			LC	II	
45	波斑鸨	*Chlamydotis macqueeni*	S	O	古	一级			VU	I	

续表

序号	种名	拉丁名	居留性质 1	分布型 2	动物区系 3	中国保护级别	新疆保护级别	中国红色名录	IUCN	CITES	记录方式 4
八	鸻形目	**Charadiiriiformes**									
（十一）	**反嘴鹬科**	**Recurvirostridae**									
46	黑翅长脚鹬	*Himantopus himantopus*	S	O	广						+
47	反嘴鹬	*Recurvirostra avosetta*	S	O	古						+
（十二）	**鸻科**	**Charadriidae**									
48	凤头麦鸡	*Vanellus vanellus*	S	U	古						+
49	金斑鸻	*Pluvialis fulva*	T	C	古						
50	金眶鸻	*Charadrius dubius*	S	O	古						+
51	环颈鸻	*Charadrius alexandrinus*	S	O	广						+
（十三）	**鹬科**	**Scolopacidae**									
52	针尾沙锥	*Gallinago stenura*	T	U	古						
53	红脚鹬	*Tringa totanus*	S	U	古						+
54	泽鹬	*Tringa stagnatilis*	T	U	古						
55	白腰草鹬	*Tringa ochropus*	S	U	古						
56	矶鹬	*Tringa hypoleucos*	S	C	古						+
九	**鸥形目**	**Lariformees**									
（十四）	**鸥科**	**Laridae**									
57	黄脚银鸥	*Larus cachinnans*	S	C	古						+
58	红嘴鸥	*Larus ridibundus*	S	U	广						+
59	小鸥	*Larus minutus*	S	U	广	二级					
（十五）	**燕鸥科**	**Sternidae**									
60	鸥嘴噪鸥	*Gelochelidon nilotica*	S	O	广						
61	黑浮鸥	*Chlidonias niger*	S	C	广						

续表

序号	种名	拉丁名	居留性质 1	分布型 2	动物区系 3	中国保护级别	新疆保护级别	中国红色名录	IUCN	CITES	记录方式 4
十	**鸽形目**	**Columbiformes**									
（十六）	**沙鸡科**	**Pteroclididae**									
62	毛腿沙鸡	*Syrrhaptes paradoxus*	R	D	古						+
（十七）	**鸠鸽科**	**Columbidae**									
63	岩鸽	*Columba rupestris*	R	O	广						+
64	原鸽	*Columba livia*	R	O	广						+
65	欧斑鸠	*Streptopelia turtur*	R	O	古						
十一	**鸮形目**	**Strigiformes**									
（十八）	**鸱鸮科**	**Strigidae**									
66	雕鸮	*Bubo bubo*	R	U	古	二级		R		II	
67	雪鸮	*Nyctea scandiaca*	W	C	古	二级				II	
68	纵纹腹小鸮	*Athene noctua*	R	U	广	二级				II	+
69	短耳鸮	*Asio flammeus*	W	C	广	二级				II	+
十二	**夜鹰目**	**Caprimulgiformes**									
（十九）	**夜鹰科**	**Caprimulgidae**									
70	欧夜鹰	*Caprimulgus europaeus*	S	O	古						+
十三	**雨燕目**	**Apodiformes**									
（二十）	**雨燕科**	**Apodidae**									
71	普通楼燕	*Apus apus*	S	O	古						+
十四	**戴胜目**	**Uouoiformes**									
（二十一）	**戴胜科**	**Upupidae**									
72	戴胜	*Upupa epops*	S	O	广						+
十五	**雀形目**	**Passeriformes**									

续表

序号	种名	拉丁名	居留性质 1	分布型 2	动物区系 3	中国保护级别	新疆保护级别	中国红色名录	IUCN	CITES	记录方式 4
（二十二）	**百灵科**	**Alaudidae**									
73	二斑百灵	*Melanocorypha bimaculata*	W	D	古						
74	黑百灵	*Melanocorypha yeltoniensis*	W	D	古						
75	亚洲短趾百灵	*Calandrella cheleensis*	R	O	古						
76	凤头百灵	*Galerida cristata*	R	O	古						+
77	云雀	*Alauda arvensis*	S	U	古						+
78	角百灵	*Eremophila alpestris*	R	C	广						+
（二十三）	**燕科**	**Hirundinidae**									
79	家燕	*Hirundo rustica*	S	C	广						+
（二十四）	**鹡鸰科**	**Motacillidae**									
80	黄鹡鸰	*Motacilla falava*	T	U	古						+
81	黄头鹡鸰	*Motacilla citreola*	S	U	古						+
82	灰鹡鸰	*Motacilla cinerea*	S	O	古						+
83	白鹡鸰	*Motacilla alba*	S	O	古						+
84	草地鹨	*Anthus prateusis*	T	D	古						
（二十五）	**太平鸟科**	**Bombycillidae**									
85	太平鸟	*Bombycilla garrulus*	W	C	古						
（二十六）	**伯劳科**	**Laniidae**									
86	荒漠伯劳	*Lanius isabellinus*	S	U	古						+
87	黑额伯劳	*Lanius minor*	S	O	古						+
88	灰伯劳	*Lanius excubitor*	S	C	古						+
（二十七）	**黄鹂科**	**Oriolidae**									
89	金黄鹂	*Oriolus oriolus*	S	W	古						

续表

序号	种名	拉丁名	居留性质 1	分布型 2	动物区系 3	中国保护级别	新疆保护级别	中国红色名录	IUCN	CITES	记录方式 4
(二十七)	**椋鸟科**	**Sturnidae**									
90	粉红椋鸟	*Sturnus roseus*	S	O	古						+
91	紫翅椋鸟	*Sturnus vulgaris*	S	O	古						+
(二十八)	**鸦科**	**Corvidae**									
92	黑尾地鸦	*Podoces hendersoni*	R	D	古						+
93	秃鼻乌鸦	*Corvus frugilegus*	W	U	古						+
94	小嘴乌鸦	*Corvus corone*	R	U	古						+
95	渡鸦	*Corvus corax*	R	C	古						
96	喜鹊	*Pica pica*	W	U	古						+
97	白尾地鸦	*Podoces biddulphi*	R	D	古						+
(二十九)	**鸫科**	**Turdidae**									
98	欧亚鸲	*Erithacus rubecula*	W	C	古						
99	红背红尾鸲	*Phoenicurus erythronotus*	S	D	古						+
100	红腹红尾鸲	*Phoenicurus erythrogaster*	T	P	古						+
101	黑喉石䳭	*Saxicola torquata*	S	O	古						+
102	沙䳭	*Oenanthe isabellina*	S	D	古						+
103	穗䳭	*Oenanthe oenanthe*	S	C	古						+
104	漠䳭	*Oenanthe deserti*	R	D	古						+
105	白顶䳭	*Oenanthe hispanica*	S	D	古						+
106	白背矶鸫	*Monticola saxatilis*	S	D	古						+
107	白眉歌鸫	*Turdus iliacus*	T	O	古						+
108	欧歌鸫	*Turdus philomelos*	S	U	古						
(三十)	**莺科**	**Sylviinae**									
109	白喉林莺	*Sylvia curruca*	S	O	古						

续表

序号	种名	拉丁名	居留性质1	分布型2	动物区系3	中国保护级别	新疆保护级别	中国红色名录	IUCN	CITES	记录方式4
110	沙白喉林莺	*Sylvia minula*	S	O	古						
111	漠林莺	*Sylvia nana*	S	D	古						+
112	横斑林莺	*Sylvia nisoria*	S	O	古						+
（三十一）	**文鸟科**	**Ploceidae**									
113	黑顶麻雀	*Passer ammodendri*	R	D	古						
114	家麻雀	*Passer domesticus*	R	U	广						+
（三十二）	**燕雀科**	**Fringillidae**									
115	黄嘴朱顶雀	*Carduelis flavirostris*	R	U	古						
116	巨嘴沙雀	*Rhodopechys obsoleta*	R	O							+
117	蒙古沙雀	*Rhodopechys mongolica*	R	O	古						+
118	长尾雀	*Uragus sibiricus*	W	M	古						
（三十三）	**鹀科**	**Emberizidae**									
119	黄鹀	*Emberiza citrinella*	W	O	古						
120	灰颈鹀	*Emberiza buchanani*	S	D	古						+
121	小鹀	*Emberiza pusilla*	T	U	古						
122	苇鹀	*Emberiza pallasi*	T	M	古						
123	芦鹀	*Emberiza schoeniclus*	T	U	古						
124	铁爪鹀	*Calcarius lapponicus*	W	C	古						

注：①R、B、S、W、T、U分别代表R留鸟、B繁殖鸟、S夏候鸟、W冬候鸟、T旅鸟、U性质不明；

②D、U、M、C、W、E、P、O分别代表D中亚型、U古北型、M东北型、C全北型、W东洋型、E季风型、P高地型、O不易归类的分布；

③“古”代表古北界种类，“广”代表广布种，“东”代表东洋界种类；

④“+”代表有实物照片记录，其余为观测记录资料。

附录 4　自然保护区两栖爬行类动物名录

序号	种名	拉丁名	分布型	中国保护级别	新疆保护级别	中国红皮书	IUCN	CITES
			两栖纲 AMPHIBIA					
一	**无尾目**	**Anura**						
（一）	**蟾蜍科**	**Bufonidae**						
1	塔里木蟾蜍	*Bufotes pewzowi*	中					
			爬行纲 REPTILIA					
一	**有鳞目**	**Squamata**						
（一）	**鬣蜥科**	**Agamidae**						
1	新疆拟岩蜥	*Paralaudakia stoliczkana*	中					
2	旱地沙蜥	*Phrynocephalus helioscopus*	中					
3	奇台沙蜥	*Phrynocephalus grumgrizimaloi*	中					
4	乌拉尔沙蜥	*Phrynocephalus guttatus*	中					
5	变色沙蜥	*Phrynocephalus versicolor*	中					
（二）	**壁虎科**	**Gekkonldae**						
6	隐耳漠虎	*Alsophylax pipiens*	中					
7	西域沙虎	*Teratoscincus przewalskii*	中					
（三）	**蜥蜴科**	**Lacertidae**						
8	捷蜥蜴	*Lacerta agilis*	古					

续表

序号	种名	拉丁名	分布型	中国保护级别	新疆保护级别	中国红皮书	IUCN	CITES
9	快步麻蜥	*Eremias velox*	中					
10	荒漠麻蜥	*Eremias przewalskii*	中					
11	虫纹麻蜥	*Eremias vermiculata*	中					
12	敏麻蜥	*Eremias arguta*	中					
13	密点麻蜥	*Eremias multiocellata*	中					
（四）	**蚺科**	**Boidae**						
14	红沙蟒	*Eryx miliaris*	中	二级				
15	东方沙蟒	*Eryx tataricus*	中	二级				
（五）	**游蛇科**	**Colubridae**						
16	白条锦蛇	*Elaphe dione*	古					
17	花脊游蛇	*Hemorrhois ravergieri*	中					
18	黄脊游蛇	*Orientocoluber spinalis*	古					
19	花条蛇	*Psammophis lineolatus*	中					
20	棋斑水游蛇	*Natrix tessellata*	中					
（六）	**蝰科**	**Viperidae**						
21	极北蝰	*Vipera berus*	古	二级				
22	东方蝰	*Vipera renardi*	中	二级				
23	阿拉善蝮	*Gloydius cognatus*	中			I		

注：分布型：中（中亚型），古（古北型）。

附录 5　自然保护区昆虫名录

目	科	种名	分布地及海拔高度
蜻蜓目 Odonata	蜓科 Aeschnidae	杂色蜓 *Aeschna mixta*	阿勒泰富蕴恰库尔图镇卡山自然保护区 990m
	蟌科 Coenagrionidae	心斑绿蟌 *Enallagma cyathigerum*	阿勒泰福海荒漠 1150m
	丝蟌科 Lestidae	青铜丝蟌 *Lestes virens*	阿勒泰富蕴县库尔特（荒漠）973m
	蜻科 Libellulidae	青蓝灰蜻 *Orthetrum coerulescens*	阿勒泰青河县阿吾什哈希翁（荒漠）984m
		褐黄蜻 *Libellula fulva*	阿勒泰福海荒漠 1150m；阿勒泰富蕴县库尔特乡（荒漠）692m；
		褐带赤卒 *Sympetrum pedemontanum*	阿勒泰福海荒漠 965m
螳螂目 Mantodea	螳螂科 Mantidae	短翅螳螂 *Bolivaria brachyptera*	卡拉麦里保护区水源地梭梭林（荒漠）481m
		虹螳（广额螳螂）*Iris oratoria*	卡拉麦里保护区水源地梭梭林（荒漠）481m
		薄翅螳螂 *Mantis religiosa*	卡山自然保护区 481m；阿勒泰富蕴县恰库尔图镇卡山自然保护区（低山砾石荒漠）1005m
直翅目 Orthoptera	网翅蝗科 Arcypteridae	黄胫戟纹蝗 *Doctostaurus kraussi nigrogeniculatus*	阿勒泰福海荒漠 1150m
		绿牧草蝗 *Omocestus Viridulus*	阿勒泰富蕴县库尔特乡路两侧荒漠 1391m；阿勒泰富蕴县库尔特乡路两侧荒漠 1560m
		长角雏蝗 *Chorthippus longicornis*	阿勒泰富蕴县库尔特乡路两侧荒漠 1391m
	斑翅蝗科 Oedipodidae	朱腿痂蝗 *Bryodema gebleri*	阿勒泰富蕴县库尔特乡路两侧荒漠 1560m；阿勒泰富蕴县库尔特乡路两侧荒漠 1391m

续表

目	科	种名	分布地及海拔高度
直翅目 Orthoptera	斑翅蝗科 Oedipodidae	石砾束颈蝗 *Sphingonotus maculatus petraeus*	阿勒泰地区青河县萨尔托海乡 966m；阿勒泰富蕴县恰库尔图镇卡山自然保护区（砾石荒漠）894m；阿勒泰青河县阿吾什哈希翁（荒漠）984m；阿勒泰富蕴县恰库尔图镇卡山自然保护区（荒漠）996m；阿勒泰福海荒漠 1150m；阿勒泰富蕴县库尔特乡路两侧荒漠 1391m；阿勒泰富蕴县吐尔洪乡（荒漠）1054m；阿勒泰富蕴县恰库尔图镇卡山自然保护区（低山砾石荒漠）1005m
		蓝斑翅蝗 *Oedipoda coerulesceus*	阿勒泰福海荒漠 965m
		新疆异痂蝗 *Bryodemella* sp.	阿勒泰福海荒漠 965m
		岸砾束颈蝗 *Sphingonotus rubscens*	阿勒泰富蕴县恰库尔图镇卡山自然保护区（低山砾石荒漠）1005m
		亚洲飞蝗 *Locusta migratoria migratoria*	阿勒泰富蕴县吐尔洪乡（荒漠）1054m
		八纹束颈蝗 *Sphingonotus octofasciatus*	阿勒泰富蕴县库尔特乡（荒漠）692m
		红斑翅蝗 *Oedipoda miniata*	阿勒泰福海荒漠 1150m
		黑条小车蝗 *Oedaleus decorus*	阿勒泰富蕴县库尔特乡路两侧荒漠 1391m
		轮纹异痂蝗 *Bryodemella tuberculatum dilutum*	阿勒泰富蕴县库尔特乡路两侧荒漠 1391m
	斑腿蝗科 Catantopidae	意大利蝗 *Calliptamus italicus*	阿勒泰青河县阿吾什哈希翁（荒漠）984m；阿勒泰福海荒漠 971m；阿勒泰富蕴县恰库尔图镇卡山自然保护区（荒漠）947m；阿勒泰富蕴县恰库尔图镇卡山自然保护区（荒漠、低洼地）966m；阿勒泰地区富蕴县工业园区吐尔洪乡（荒漠）1054m
		黑腿星翅蝗 *Calliptamus barbarus*	阿勒泰福海荒漠 1150m
		红翅瘤蝗 *Dericorys roseipennis*	阿勒泰青河县（荒漠）984m；阿勒泰富蕴县卡山自然保护区（低山砾石荒漠）1005m；卡拉麦里中段 539m
	硕螽科 Bradyporidae	戈壁灰硕螽 *Damalacantha vacca sinica*	阿勒泰富蕴县恰库尔图镇卡山自然保护区（砾石荒漠）894m；阿勒泰富蕴县恰库尔图镇（低山砾石荒漠）1005m；阿勒泰富蕴县恰库尔图镇卡山自然保护区（荒漠）947m；阿勒泰富蕴县恰库尔图镇（低山砾石荒漠）1045m

续表

目	科	种名	分布地及海拔高度
半翅目 Hemiptera	黾蝽科 Gerridae	水黾 *Gerris paludum*	阿勒泰福海荒漠 965m
	蝽科 Pentatomidae	苍蝽 *Brachynema germarii*	阿勒泰青河县阿吾什哈希翁（荒漠）984m；阿勒泰富蕴县恰库尔图镇卡山自然保护区（荒漠）947m；阿勒泰富蕴县恰库尔图镇卡山自然保护区（低山砾石荒漠）991m
		斑须蝽（细毛蝽）*Dolycoris baccarum*	阿勒泰地区富蕴县恰库尔图镇卡山自然保护区（荒漠）947m
		巴楚菜蝽 *Eurydema wilkinsi*	阿勒泰地区富蕴县恰库尔图镇卡山自然保护区（低山砾石荒漠）1045m；阿勒泰富蕴县恰库尔图镇卡山自然保护区（荒漠）947m
		茶翅蝽 *Halyomorpha picus*	阜康五工梁 570m
	缘蝽科 Coreidae	坎缘蝽 *Camptopus lateralis*	阿勒泰福海荒漠 965m
	红蝽科 Pyrrhocoridae	始红蝽 *Pyrrhocoris apterus*	阿勒泰福海荒漠 965m
	长蝽科 Lygaeidae	横带红长蝽 *Lygaeus equestris*	阿勒泰富蕴县恰库尔图镇卡山自然保护区（荒漠）996m
	姬蝽科 Nabidae	姬蝽 *Nabis Latreille*	卡拉麦里中段荒漠 539m
	叶蝉科 Cicadellidae	片角叶蝉 *Idiocerus urakawensis*	阜康五工梁 570m；兵团第六师（五家渠）599m
	蚧总科 Coccoidea	介壳虫 *Coccoidea*	阜康五工梁 570m
鞘翅目 Coleoptera	象甲科 Curculionidae	短毛草象 *Chloebius psittacinus*	阿勒泰富蕴县恰库尔图镇卡山自然保护区（低山砾石荒漠）1005m；阿勒泰地区富蕴县恰库尔图镇卡山自然保护区（荒漠）947m；阿勒泰富蕴县恰库尔图镇卡山自然保护区（荒漠、低洼地）966m；阿勒泰富蕴县恰库尔图镇卡山自然保护区（荒漠）996m；阿勒泰富蕴县恰库尔图镇卡山自然保护区（低山砾石荒漠）990m；阿勒泰富蕴县工业园区吐尔洪乡（荒漠）1054m；阿勒泰青河县阿吾什哈希翁（荒漠）984m
		长体锥喙象 *Temnorhinus elongatus*	阿勒泰青河县阿吾什哈希翁（荒漠）984m
		黑斑长体锥喙象 *Temnorhinus oryx*	阿勒泰富蕴县工业园区吐尔洪乡（荒漠）1054m；阿勒泰青河县阿吾什哈希翁（荒漠）984m
		欧洲方喙象 *Cleonis piger*	阿勒泰富蕴县恰库尔图镇卡山自然保护区（荒漠）996m
		黑甜菜象 *Bothynoderes libitinarius*	阿勒泰青河县阿吾什哈希翁（荒漠）984m
		粉红锥喙象 *Conorrhynchus conirostris*	卡拉麦里 539m
		英德齿足象 *Deracanthus inderiensis*	阿勒泰青河县阿吾什哈希翁（荒漠）984m

续表

目	科	种名	分布地及海拔高度
鞘翅目 Coleoptera	叶甲科 Chrysomelidae	扁蓄齿胫叶甲 *Gastrophysa polygoni*	阿勒泰富蕴县恰库尔图镇卡山自然保护区（荒漠）947m
		红柳粗角萤叶甲 *Diorhabda elongata*	阿勒泰富蕴县恰库尔图镇卡山自然保护区（荒漠）947m；阿勒泰富蕴县库尔特乡路两侧荒漠 1560m
		显点锯角叶甲 *Clytra atraphaxidis punctata*	阿勒泰富蕴县恰库尔图镇卡山自然保护区（荒漠、低洼地）966m
		阿尔泰秃跗叶甲 *Crosita altaica altaica*	阿勒泰富蕴县库尔特乡（荒漠）692m
		黑脊萤叶甲 *Galeruca nigrolineata*	阿勒泰富蕴县工业园区吐尔洪乡（荒漠）1054m；阿勒泰富蕴县库尔特乡路两侧荒漠 1560m
		杨叶甲 *Chrysomela populi*	阿勒泰福荒漠 965m
		黑盾锯角叶甲 *Clytra atraphaxidis*	阿勒泰青河县萨尔托海乡 966m
		锈红切头叶甲俄国亚种 *Coptocephala rubicundarossica*	阿勒泰富蕴县吐尔洪乡（低山砾石荒漠）1159m
		双斑长跗萤叶甲 *Monolepta hieroglyphica*	阜康五工梁 570m；吉木萨尔五彩湾卡拉麦里保护区 460m
		奇台秃跗叶甲 *Crosita* sp.	阿勒泰富蕴县恰库尔图镇卡山自然保护区（砾石荒漠）894m
	肖叶甲科 Eumolpidae	肖叶甲 *Eumolpidae*	阜康五工梁 570m
	金龟甲科 Scarabaeidae	阿异丽金龟 *Anomala abehasica*	阿勒泰富蕴县库尔特乡 1560m
		金匠花金龟 *Cetonia aurata*	阿勒泰青河县阿吾什哈希翁（荒漠）984m；阿勒泰阿福海荒漠 1150m
		四齿普玉米犀金龟 *Pentodon quadridens*	阿勒泰青河县阿吾什哈希翁（荒漠）984m
		黑缘嗡蜣螂 *Onthophagus marginalis*	阿勒泰富蕴县库尔特乡路两侧荒漠 1560m
		粗糙弯边蜣螂 *Gymnopleurus flagellatus*	阿勒泰富蕴县恰库尔图镇卡山自然保护区（低山砾石荒漠）990m；阿勒泰富蕴县库尔特乡（荒漠）692m
		黄褐蜣螂 *Euoniticellus fulvus*	阿勒泰青河县阿吾什哈希翁（荒漠）984m
	拟步甲 Tenebrionidae	棕色小胸鳖甲 *Microdera* sp.	阿勒泰富蕴县恰库尔图镇卡山自然保护区（荒漠）996m
		长足大瘤漠甲 *Adesima anomala dejeani*	卡拉麦里保护区水源地梭梭林（荒漠）539m；阿勒泰地区富蕴县库尔特乡（荒漠）692m；阿勒泰地区青河县阿吾什哈希翁（荒漠）984m

续表

目	科	种名	分布地及海拔高度
鞘翅目 Coleoptera	拟步甲 Tenebrionidae	戈壁琵琶甲 *Blaps kashgarensis gobiensis*	阿勒泰富蕴县库尔特乡（荒漠）692m；阿勒泰地区阿勒泰林场乔阿提675m；阿勒泰青河县阿吾什哈希翁（荒漠）984m；阿勒泰富蕴县吐尔洪乡（低山砾石荒漠）1159m
		磨光东鳖甲 *Anatolica polita borealis*	阿勒泰富蕴县库尔特乡（荒漠）692m；阿勒泰福海荒漠 965m
		斑氏杯鳖甲 *Scythis banghaasi*	阿勒泰富蕴县库尔特乡（荒漠）692m；阿勒泰福海荒漠 965m
		准噶尔小胸鳖甲 *Microdera punctipennis dzhungarica*	阿勒泰富蕴县库尔特乡（荒漠）692m
		圆角漠土甲 *Melanesthes simpler*	阿勒泰富蕴县库尔特乡（荒漠）692m
		胫齿刺甲 *Oodescelis tibialis*	阿勒泰福海荒漠 1150m
		细长侧琵甲 *Prosodes gracillis*	阿勒泰福海荒漠 965m
		奇异东鳖甲 *Anatolica paradoxa*	阿勒泰富蕴县恰库尔图镇卡山自然保护区（低山砾石荒漠）1045m
	步甲科 Carabidae	帕斯提暗步甲 *Amara pastica*	阿勒泰福海荒漠 965m、阿勒泰富蕴县库尔特乡路两侧荒漠 1391m
		彼步甲 *Blethisa multipunctata*	阿勒泰福海荒漠 965m
		贝氏笨土甲 *Penthicus beicki beicki*	阿勒泰福海荒漠 965m
		大头步甲 *Broseus cephalotes samistrialus*	阿勒泰富蕴县库尔特乡路两侧荒漠 1391m
		奥利暗步甲 *Amara aulica*	阿勒泰富蕴县工业园区吐尔洪乡（荒漠）1054m
	天牛科 Cerambcidae	斑角花天牛 *Anoplodera variicornis*	阿勒泰富蕴县库尔特乡路两侧荒漠 1560
		白腹草天牛 *Eodorcadion brandti*	阿勒泰富蕴县恰库尔图镇卡山自然保护区（荒漠）996m
	芫菁科 Meloidae	施氏齿角芫菁 *Cerocoma schreberi*	阿勒泰阿尔泰山福海（山地草原）965m；阿勒泰阿提茵圃 G21718km 处柽柳林 675m
		藏红花斑芫菁 *Mylabris crocata*	阿勒泰富蕴县恰库尔图镇卡山自然保护区（低山砾石荒漠）1005m；阿勒泰富蕴县恰库尔图镇卡山自然保护区（荒漠、低洼地）966m
	芫菁科 Meloidae	粗糙沟芫菁指名亚种 *Hycleus scabiosae scabiosae*	阿勒泰富蕴县库尔特乡路两侧荒漠 1391m
		法氏斑芫菁 *Mylabris fabricii*	阿勒泰富蕴县恰库尔图镇卡山自然保护区（荒漠、低洼地）966m

续表

目	科	种名	分布地及海拔高度
鞘翅目 Coleoptera	瓢虫科 Coccinellidae	七星瓢虫 *Coccinella septempunctata*	阿勒泰富蕴县吐尔洪乡（低山砾石荒漠）1159m；阿勒泰富蕴县恰库尔图镇卡山自然保护区（荒漠、低洼地）966m；阿勒泰福海荒漠 965m
		十九星瓢虫 *Anisosticta novemdecimpunctata*	阿勒泰富蕴县恰库尔图镇卡山自然保护区（荒漠、低洼地）966m
	吉丁虫科 Buperestidae	天花吉丁虫 *Julodis variolaris*	阿勒泰富蕴县库尔特乡（荒漠）692m；阿勒泰地区富蕴县恰库尔图镇卡山自然保护区（低山砾石荒漠）990m
		硕尖翅吉丁虫（盐木扁头吉丁）*Sphenoptera potanini*	阿勒泰富蕴县恰库尔图镇卡山自然保护区（低山砾石荒漠）990m；阿勒泰青河县阿吾什哈希翁（荒漠）984m
		凹背脊吉丁虫 *Galbellinae*	阿勒泰富蕴县恰库尔图镇卡山自然保护区（荒漠、低洼地）966m
	虎甲科 Cicindelidae	沙虎甲 *Cylindera dokhtourowi*	阿勒泰富蕴县工业园区吐尔洪乡（荒漠）1054m
	水龟虫科 Hydrophilidae	步甲形水龟虫 *Hydrophilus caraboides*	阿勒泰福海荒漠 965m
	跳甲科 Halticidae	黄直条跳甲 *Phyllotreta vittuta*	吉木萨尔五彩湾卡拉麦里保护区 460m；卡山自然保护区 481m；阿勒泰富蕴县恰库尔图镇卡山自然保护区（荒漠）996m
	隐翅虫科 Staphylinidae		卡拉麦里中 539m
脉翅目 Neuroptera	蚁蛉科 Myrmeleontidae	长腹蚁蛉 *Macronemurus appendiculatus*	阿勒泰福海荒漠 1150m
		费氏蚁蛉 *Lopezus fedtschenkoi*	阿勒泰富蕴县恰库尔图镇卡山自然保护区（砾石荒漠）894m；阿勒泰青河县阿吾什哈希翁（荒漠）984m
双翅目 Diptera	食虫虻科 Aslidae	—	阿勒泰福海荒漠 971m；阿勒泰富蕴县恰库尔图镇卡山自然保护区（荒漠）947m；阿勒泰富蕴县恰库尔图镇卡山自然保护区（荒漠、低洼地）966m
	食蚜蝇科 Syrphidae	—	阿勒泰富蕴县恰库尔图镇卡山自然保护区（荒漠、低洼地）966m
	蜂虻科 Bombyliidae	—	阿勒泰福海荒漠 965m
鳞翅目 Lepidoptera	蛱蝶科 Nymphalidae	佛网蛱蝶 *Melitaea fergana*	阿勒泰富蕴县恰库尔图镇卡山自然保护区（荒漠）996m；阿勒泰富蕴县恰库尔图镇卡山自然保护区（荒漠）947m
		福蛱蝶 *Fabriciana niobe*	阿勒泰福海荒漠 1150m
	灰蝶科 Lycaenidae	昙梦灰蝶 *Lycaena thersamon jandengyuensis*	阿勒泰福海荒漠 1150m

续表

目	科	种名	分布地及海拔高度
鳞翅目 Lepidoptera	粉蝶科 Pieridae	斑缘豆粉蝶 *Colias erate*	阿勒泰富蕴县恰库尔图镇卡山自然保护区（荒漠）996m；阿勒泰福海荒漠 965m；阿勒泰富蕴县恰库尔图镇卡山自然保护区（荒漠、低洼地）966m
		云粉蝶 *Pontia deplidice*	阿勒泰富蕴县库尔特乡路两侧荒漠 1391m；阿勒泰富蕴县库尔特乡路两侧荒漠 1560；阿勒泰福海荒漠 1150m；阿勒泰富蕴县恰库尔图镇卡山自然保护区（荒漠）996m
		菜粉蝶 *Pieris rapae*	阿勒泰富蕴县恰库尔图镇卡山自然保护区（荒漠）996m；阿勒泰福海荒漠 1150m
		绿云粉蝶 *Pontia chloridice*	阿勒泰富蕴县恰库尔图镇卡山自然保护区（荒漠）996m
		箭纹云粉蝶 *Synchloe callidice*	阿勒泰富蕴县恰库尔图镇卡山自然保护区（荒漠）996m
	眼蝶科 Satyridae	塔尔酒眼蝶 *Oeneis tarpeja*	阿勒泰福海荒漠 1150m
		仁眼蝶 *Eumenis autonoe*	阿勒泰富蕴县库尔特乡路两侧荒漠 1560m
		黄衬云眼蝶 *Hyponephele lupina*	阿勒泰富蕴县库尔特乡路两侧荒漠 1560m
		寿眼蝶 *Pseudochazara hippolyte*	阿勒泰富蕴县库尔特乡路两侧荒漠 1560m
		阿原红眼蝶 *Proterebia afra*	阿勒泰福海荒漠 971m
		八字岩眼蝶 *Chazara briseis fergana*	阿勒泰福海荒漠 971m；阿勒泰福海荒漠 1150m
	蜜蜂科 Apidae	田野熊蜂 *Bombus agrorum*	阿勒泰福海荒漠 965m
		明亮熊蜂 *Bombus lucorum*	阿勒泰福海荒漠 965m；阿勒泰富蕴县库尔特乡路两侧荒漠 1560；阿勒泰福海荒漠 1150m；阿勒泰福海荒漠 971m
	泥蜂科 Sphecidae	阿费泥蜂 *Sphex afer*	阿勒泰富蕴县库尔特乡路两侧荒漠 1391m
膜翅目 Hymenoptera	胡蜂科 Vespidae	挪威长黄胡蜂 *Dolichovespula norvegica*	阿勒泰福海荒漠 965m
		成年拟黄胡蜂 *Pseudovespula adulterina*	阿勒泰福海荒漠 965m
	蚁蜂科 Mutillidae	静蚁蜂 *Mutille brutia*	阿勒泰富蕴县库尔特乡路两侧荒漠 1391m；阿勒泰富蕴县恰库尔图镇卡山自然保护区（砾石荒漠）894m
	蚁科 Formicidae	金毛弓背蚁 *Camponotus saxatilis*	阿勒泰富蕴县库尔特乡路两侧荒漠 1391m
	马蜂科 Polistidae	柞蚕马蜂 *Polistes gallicus gallicus*	阿勒泰福海荒漠 1150m
	切叶蜂科 Megachilidae	兔脚切叶蜂 *Megachile lagopoda*	阿勒泰福海荒漠 1150m
	分舌蜂科 Colletidae	黄色分舌蜂 *Colletes hylaeiformis*	阿勒泰富蕴县恰库尔图镇卡山自然保护区（砾石荒漠）894m

附图 1　新疆卡拉麦里山有蹄类野生动物自然保护区地形图

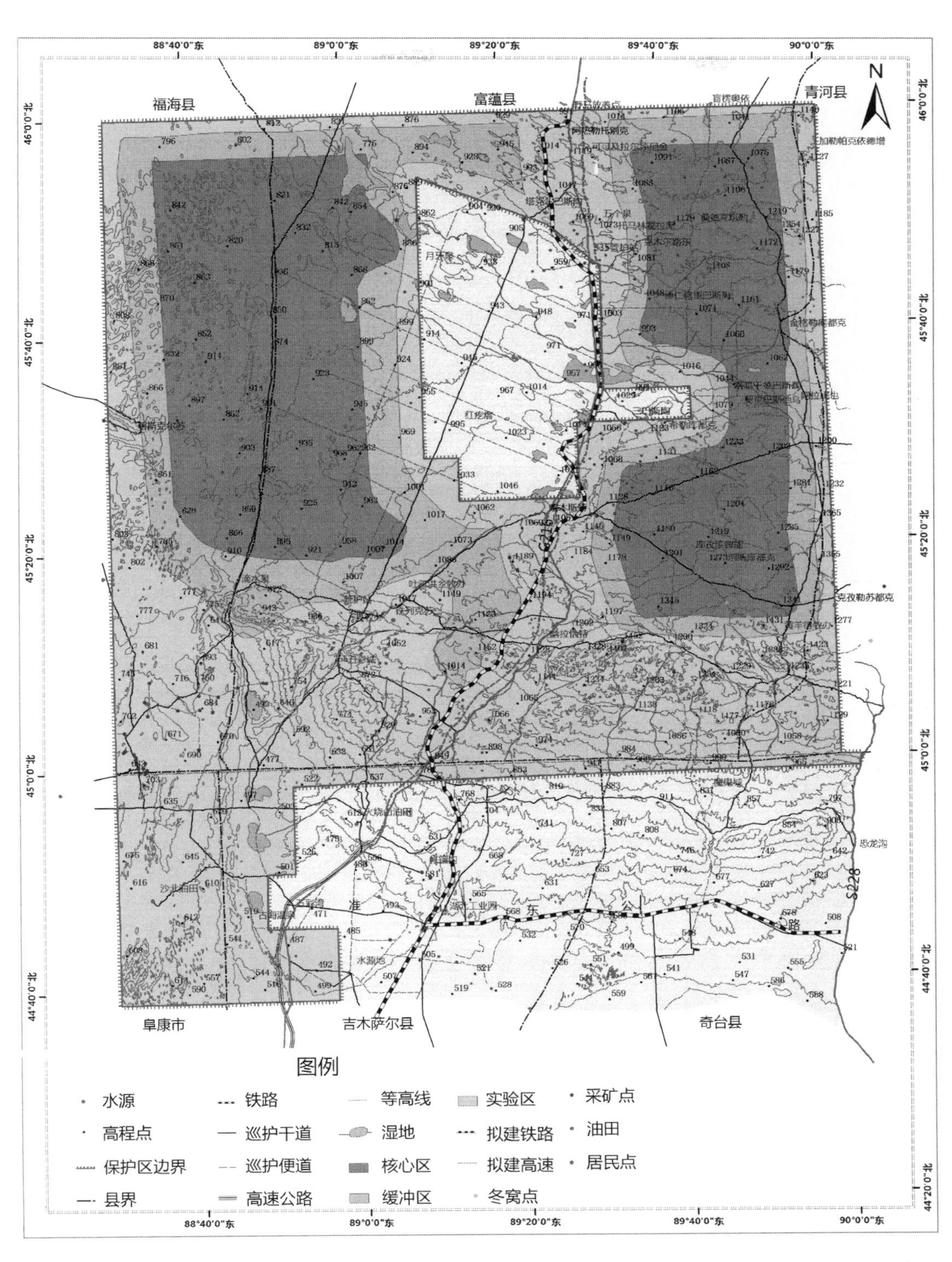

制图单位：林产工业规划设计院　　比例尺：1:550000　　制图时间：二〇一七年十月

附图 2 新疆卡拉麦里山有蹄类野生动物自然保护区卫星影像图

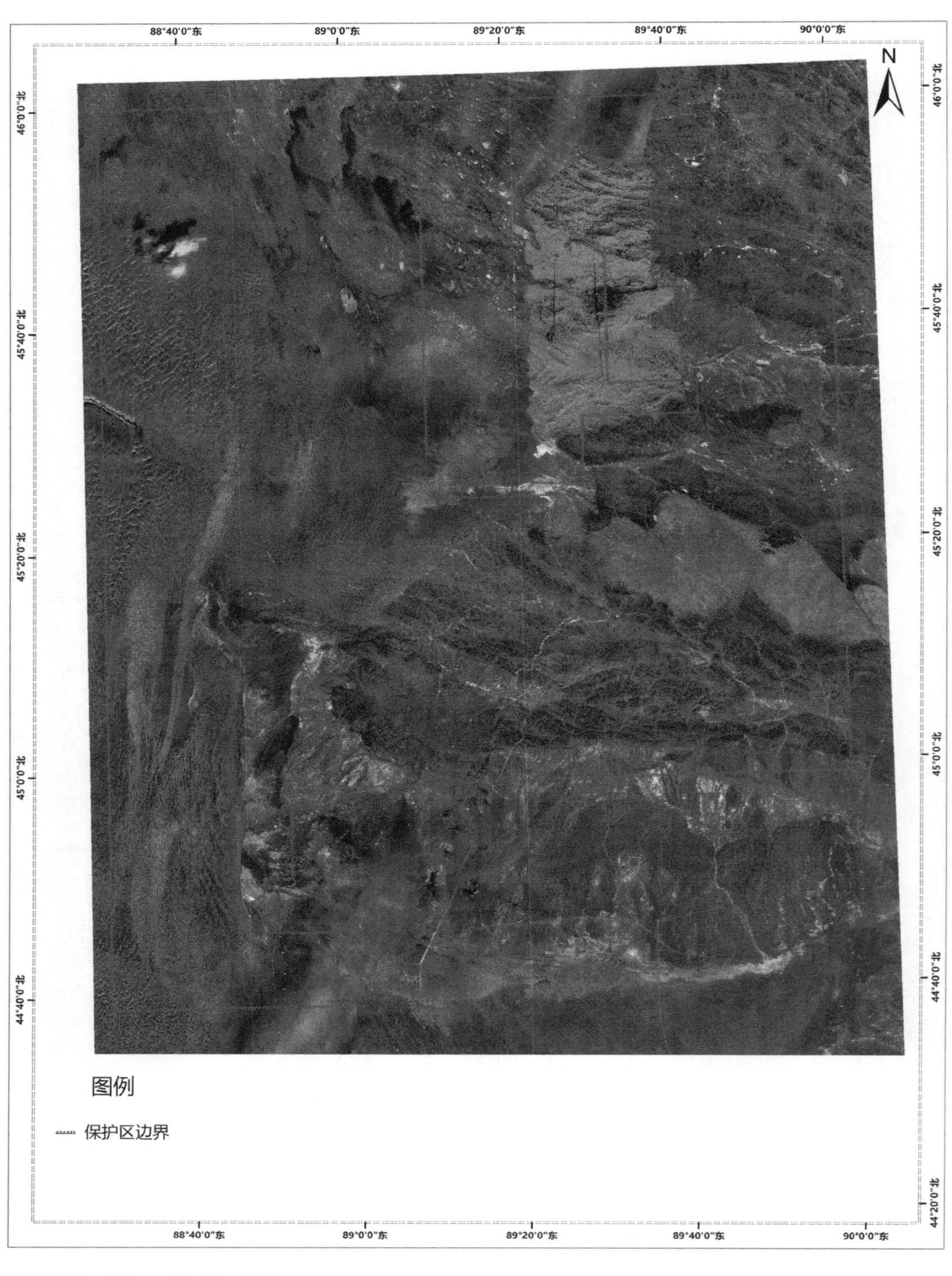

制图单位：林产工业规划设计院　　比例尺：1:550000　　制图时间：二〇一七年十月

附图3　新疆卡拉麦里山有蹄类野生动物自然保护区水文地质图

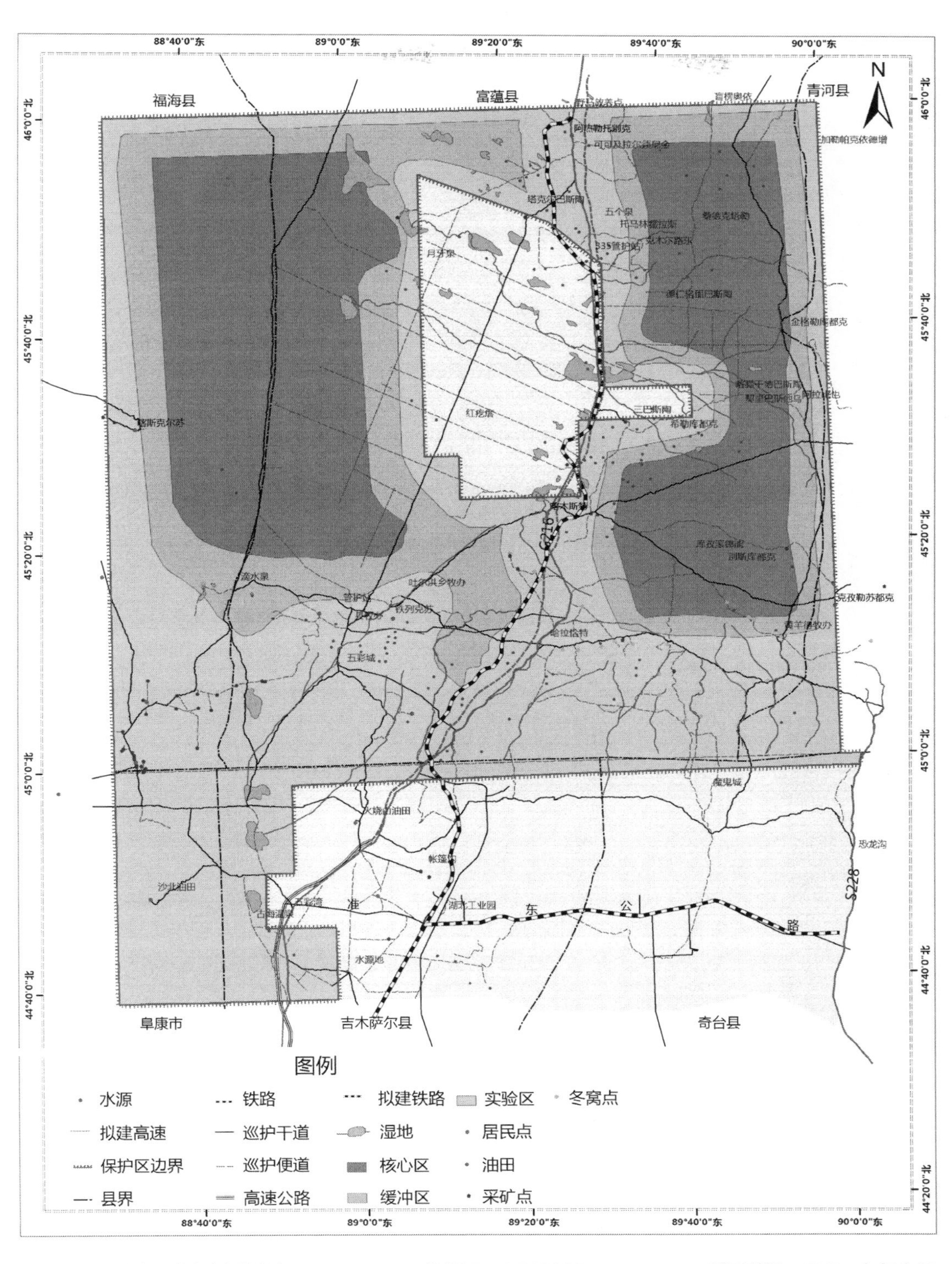

制图单位：林产工业规划设计院　　　　比例尺：1:550000　　　　制图时间：二〇一七年十月

附图4　新疆卡拉麦里山有蹄类野生动物自然保护区植被分布图

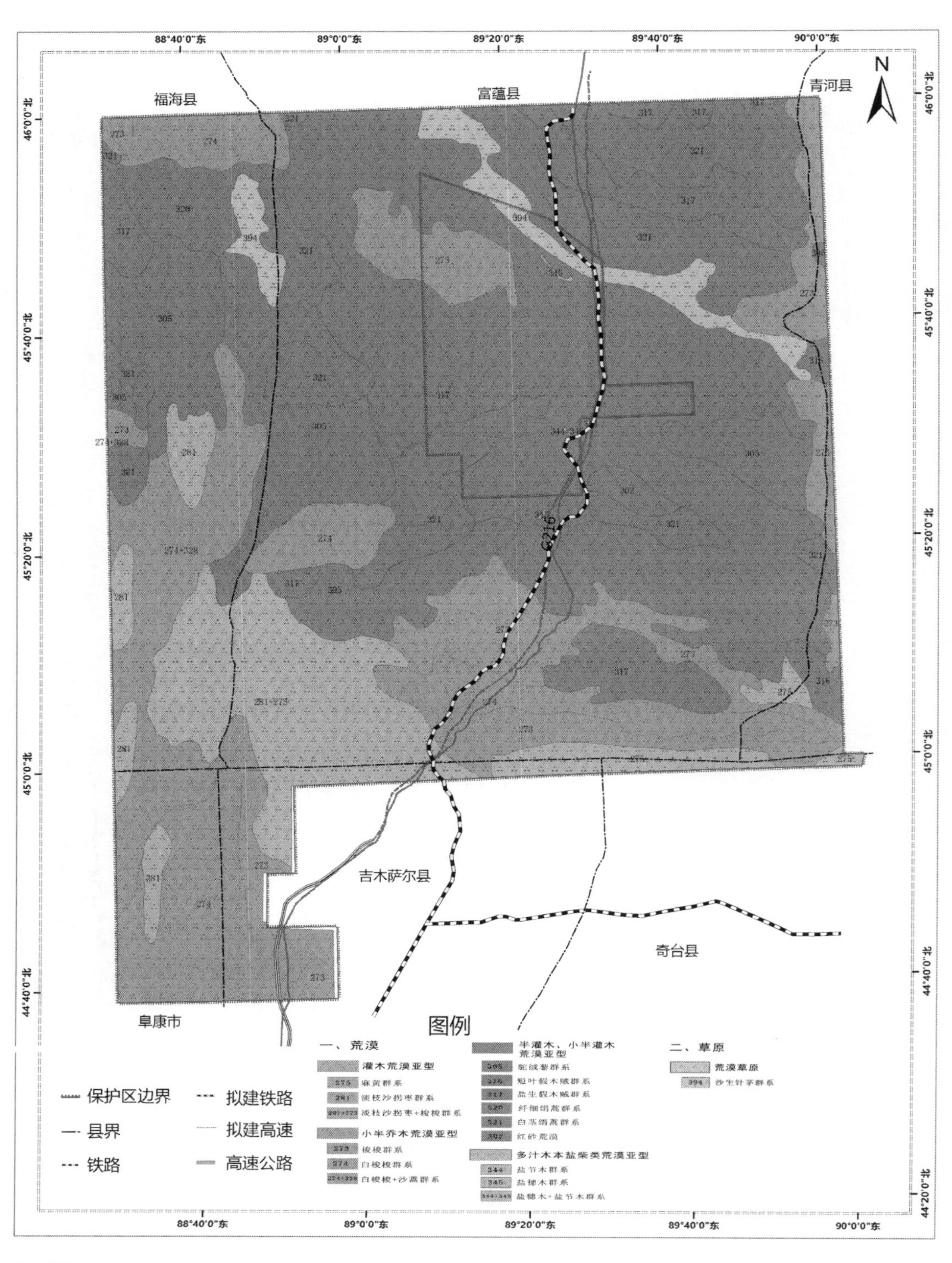

制图单位：林产工业规划设计院　　比例尺：1:550000　　制图时间：二〇一七年十月

附图5　新疆卡拉麦里山有蹄类野生动物自然保护区主要保护动物分布图

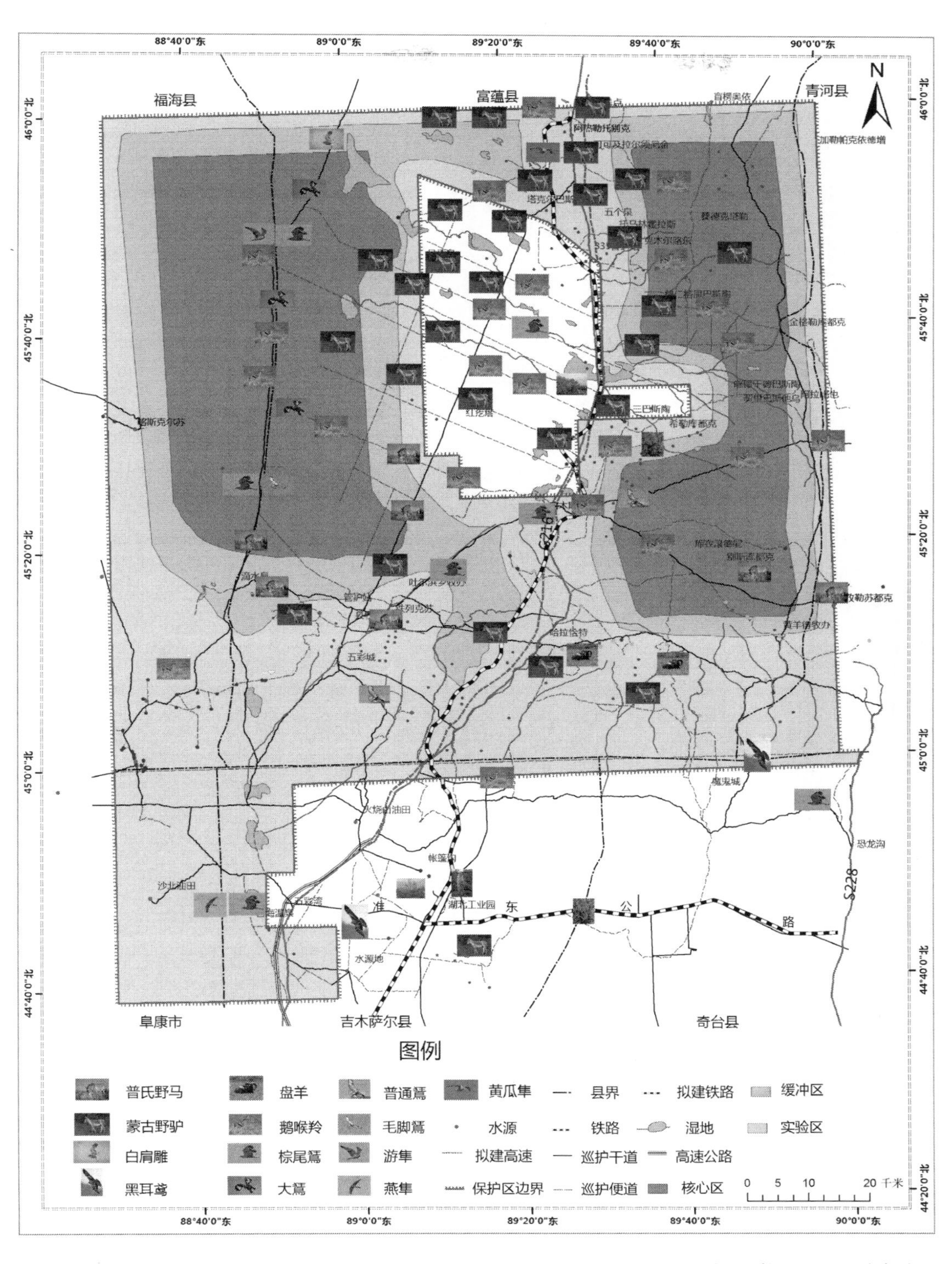

制图单位：林产工业规划设计院　　　　制图时间：二〇一七年十月

附图6　新疆卡拉麦里山有蹄类野生动物自然保护区林地类型图

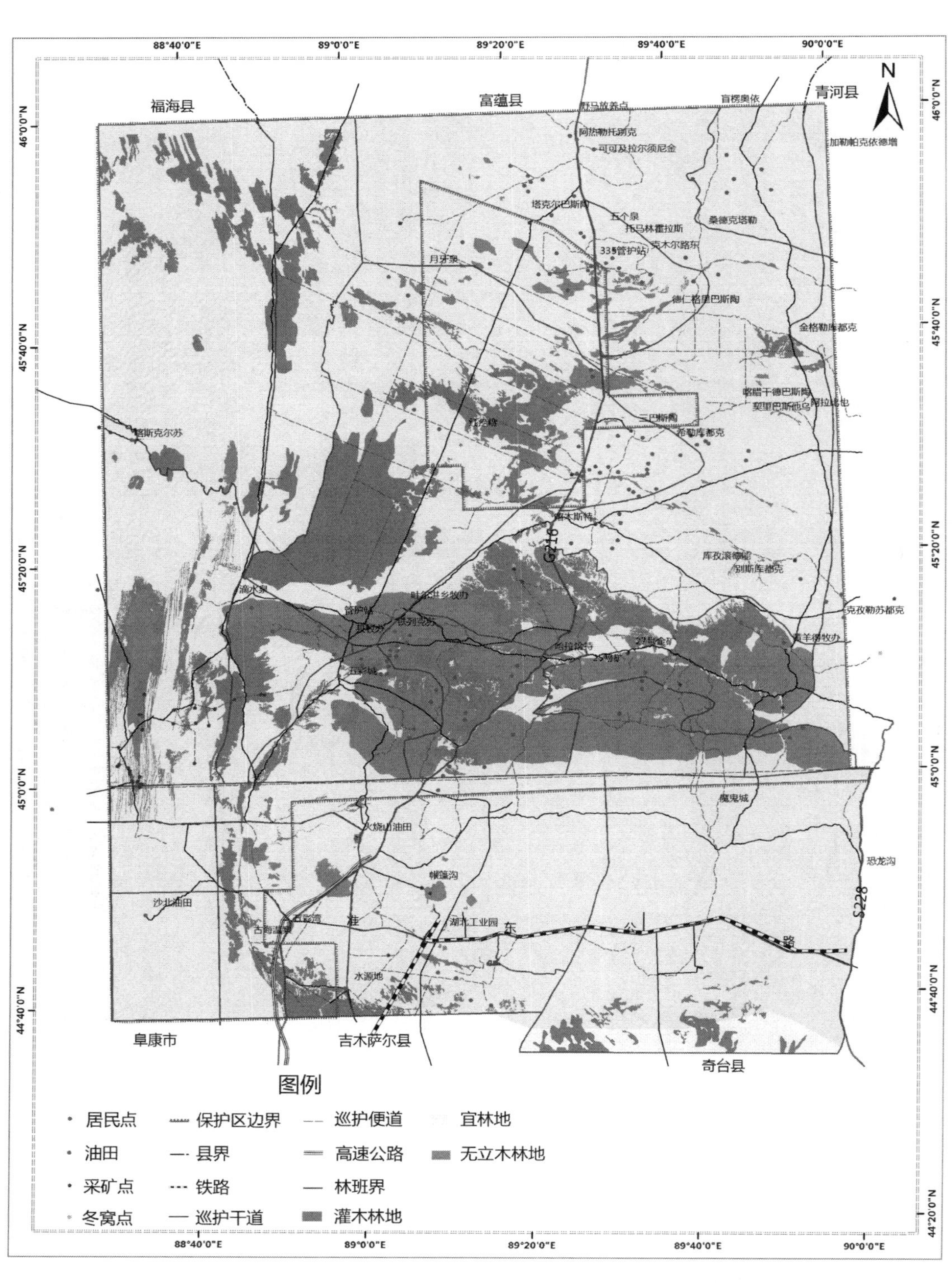

制图单位：林产工业规划设计院　　比例尺：1:550000　　制图时间：二〇一七年五月

附图 7　新疆卡拉麦里山有蹄类野生动物自然保护区功能区划图

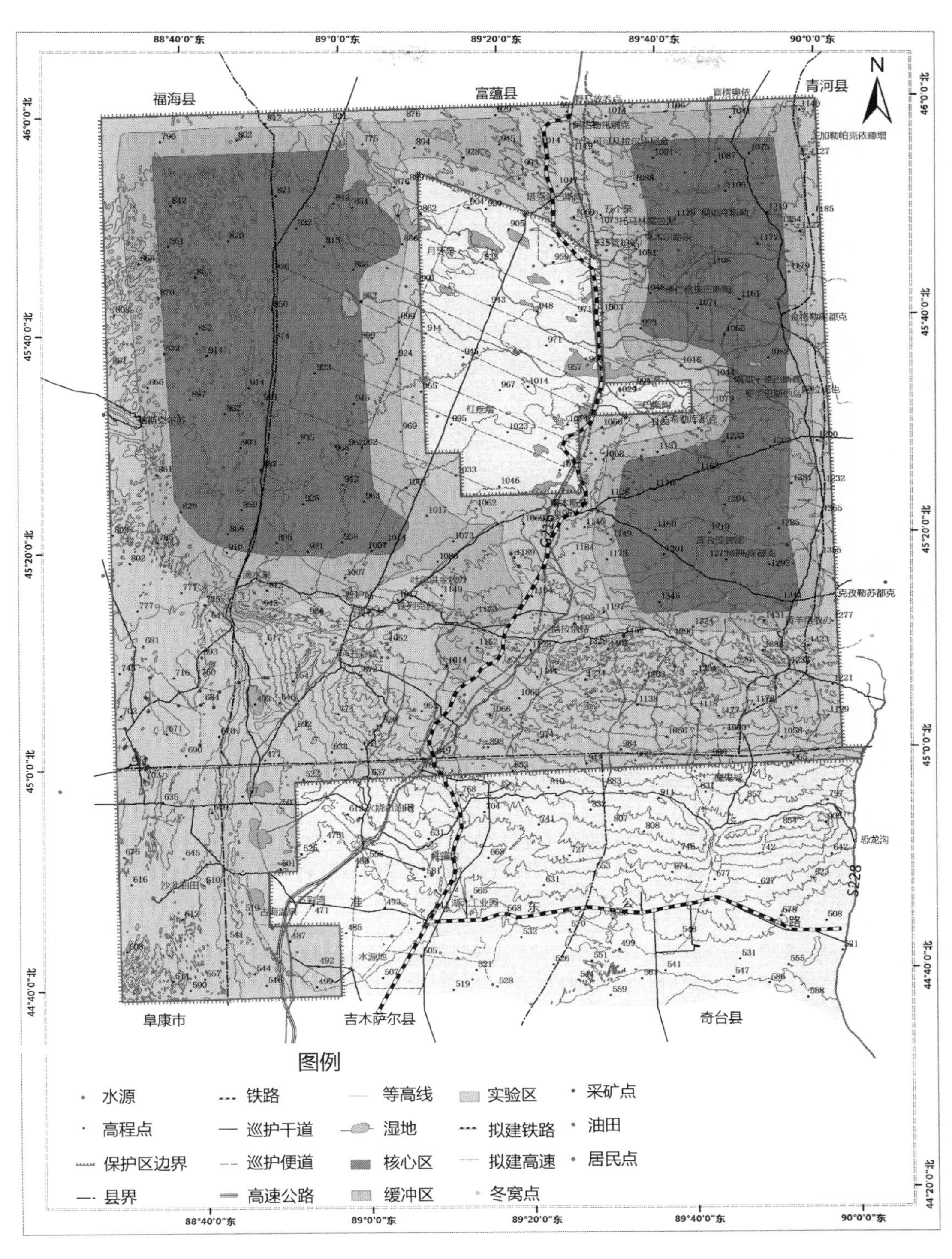

制图单位：林产工业规划设计院　　比例尺：1:550000　　制图时间：二〇一七年十月

后 记

卡山自然保护区生态环境的变化对有蹄类野生动物有着重要影响，因此卡山自然保护区需要进一步加强生态环境建设和植被的恢复，使得植被盖度不断下降的趋势有所缓解，为保护区内的野生动物提供一个良好的栖息环境，这也是保护区今后保护和发展建设的努力方向。植被覆盖的动态变化不仅仅受到自然气候的影响，重要的人类干扰活动对其影响也较为显著，由此可见对保护区进行强有力的生态环境建设是刻不容缓的。

卡山自然保护区具有丰富的动植物资源，如何科学地利用自然资源，产生良好的社会效益、经济效益和生态效益，在开发利用过程中，需要多方面筹措资金，加强保护区的建设；提高区内管理人员的管理、科研水平；引进先进的管理措施，提高卡山自然保护区管护员的专业知识、法律法规等专业水平，对社区居民加大野生动植物宣传教育工作，使社区群众自发参与到保护野生动物中去，积极推动当地生态文明建设。形成监督与鼓励并行机制，做到科学管理、科学开发，促进保护区的良性发展，实现资源的可持续利用。同时应加大对保护区自然资源、旅游资源的宣传，开展生态旅游，加大保护区建设和持续经营，推动保护区的可持续发展。

在整个科学考察的过程中，有科考时的艰苦，有对问题的争执，有欣喜，也有激动的泪水，但是都化作在“大漠孤烟直，长河落日圆”的遐想与回望之中。感谢参与综合科学考察的各位专家和相关单位技术人员，也感谢我们的团队在外业期间同甘共苦，一起完成了艰苦的外业调查。

最后，祝愿新疆卡拉麦里山有蹄类野生动物自然保护区的野生动植物得到更好的保护，新疆卡拉麦里山有蹄类野生动物自然保护区发展得越来越好！